U0162802

国家艺术基金项目丛书

华裳新颜

2022 国家艺术基金

『汉服创新设计人才培养』艺术档案

张秋莹　牛犁　主编

高祥　副主编

中国纺织出版社有限公司

内 容 提 要

本书是对2022国家艺术基金"汉服创新设计人才培养"项目的全景式记录。本书旨在针对目前汉服设计的客观状况，构建汉服设计人才的培养体系，提高汉服设计人才的知识素养与设计能力，促进服饰类非物质技艺传承；同时将传统服饰制作技艺与现代时尚设计相结合，促进汉族服饰文化与设计思想的创新发展，让汉服成为国人展现自身的文化自信及精神信仰的窗口。

本书可供服饰文化专业师生及传统服饰文化爱好者参考阅读使用。

图书在版编目（CIP）数据

华裳新颜：2022国家艺术基金"汉服创新设计人才培养"艺术档案 / 牛犁主编；张秋莹，高祥副主编 . -- 北京：中国纺织出版社有限公司，2023.8
（国家艺术基金项目丛书）
ISBN 978-7-5229-0706-2

Ⅰ.①华…　Ⅱ.①牛…　②张…　③高…　Ⅲ.①汉族－民族服装－服装设计－研究　Ⅳ.① TS941.742.811

中国国家版本馆 CIP 数据核字（2023）第 120440 号

责任编辑：苗　苗　魏　萌　　责任校对：高　涵
责任印制：王艳丽

中国纺织出版社有限公司出版发行
地址：北京市朝阳区百子湾东里 A407 号楼　邮政编码：100124
销售电话：010—67004422　传真：010—87155801
http://www.c-textilep.com
中国纺织出版社天猫旗舰店
官方微博 http://weibo.com/2119887771
北京华联印刷有限公司印刷　各地新华书店经销
2023 年 8 月第 1 版第 1 次印刷
开本：889×1194　1/16　印张：16.25
字数：265 千字　定价：168.00 元

目 录
CONTENTS

第一章　传统美学与服饰文化

第二章　"非遗"传承与民族工艺

第三章　文艺研究的世界观与方法论

第四章　设计智慧与时尚创新

第五章　品牌营销与商业传播

第六章　国家艺术基金研修班设计作品展示

第一章

传统美学与服饰文化

中国传统造物美学
——古代工艺价值的再认识

—— 杭 间 ——

● 中国美术学院教授、博士研究
生导师

● 包豪斯研究院院长、中国美术
学院艺术博物馆群总馆长

● 全国宣传文化系统"四个一
批"人才、国家"万人计划"
哲学社会科学领军人才

一、传统工艺与设计的关系

"工艺"和"设计"这两个词在概念上虽有区别,但这个问题实际上是互相关联的,尤其对于中国设计的历史来说,它在许多场合只是一个怎么去看的角度问题,所以要说清楚设计史就要从工艺角度入手。

历史上,"工艺"源于"百工",从字面上直译,是百工的技艺的意思。《说文解字》有载:"工,巧也,匠也,善其事也。凡执艺事成器物以利用,皆谓之工。"可见"百工"不仅仅指与艺术有关的技艺,还包括所有为了生活的技艺;"技艺"也不仅仅指技术,还包括含有艺术成分的技术。因此,实际上这个词的本义不是今天社会上约定俗成的感觉式的概念,因为"工艺"在古代的意思是十分清楚的。

国外与之对应的名词有"装饰艺术""手工艺""意匠""设计"等,西方知识体系中将我们"工艺美术"概念中的传统工艺列入美术史的范畴又有"装饰艺术"一词,虽然不完全指传统,但通过与工艺有关的装饰等手段来达到实用的目的与"工艺美术"有重合,"设计"的现代指向较明确,虽然为人服务的功能因素明确,也指生活的艺术,但前提是大工业的、批量生产的,而没有传统的手工艺的内容。在中国,因现代史独特的状况,特别是20世纪50年代,由于工业化发展的需要,传统工艺被作为原始资本积累特别是换取外汇的一项最主要的国家产值来源,而受到支持和鼓励,遍布全国的"工艺美术服务部"使"工艺美术"的概念约定俗成地成为与美术并列的门类,而且其影响远远超过其他的艺术形式。而1956年中央工艺美术学院的建立,以及随后推动的中国工艺美术教育和设计事业所传达的"工艺美术",便更深入人心。

二、中国传统设计的重要思想

1. 重己役物，以人为本

中国传统工艺一开始就考虑从人的因素出发来制造用品。中国早期机械生产已形成一定规模，尤其明末资本主义萌芽时期，在当时的松江盛泽镇（今属江苏省苏州市吴江区）一带，纺织业非常发达，并出现雇佣关系和工序分工（图1）。但这种接近资本主义大工业的生产方式，并没有由量变到质变，也没有引起纺织业革命性的变化。中国明代那些与农村有着千丝万缕联系的织布业主们将赚的钱又投入农业生产或家庭建设。这自然反映了农业经济落后的一面，但也反映了中国封建社会重视人的生活本质，没有完全将机械生产的发展推到极端。这与中国古代"重己役物，以人为本"的工艺思想有着非常大的关系。

2. 致用利人，实用民生

中国古代的物品生产始终强调功能，春秋时期思想家管仲曾说："古之良工，不劳其智巧以为玩好，是故无用之物，守法者不失。"这就是说，古代的那些最高明的工匠，是不会浪费人的智慧去做那些玩物的，他们遵循法则而不违背。战国时期墨子也提出"利人乎，即为；不利人乎，即止"的观点。这一观点今天看似简单，但在当时却有着深刻的意义。由此看来，在汉语词汇里面的所谓"奇技淫巧"，其实在中国几千年的封建社会中，始终没有成为社会的主流，那些讲求功能、关乎国计民生、保持人文关怀的物品的生产，才是中国传统工艺的主流。

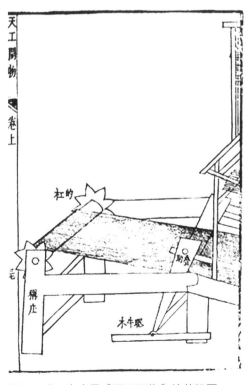
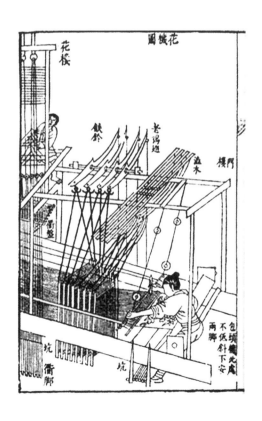

图 1　明·宋应星《天工开物》绘花机图

3. 审曲面势，各随其宜

"审曲面势，各随其宜"体现在工艺与具体技术、材料间的关系上。例如，家具制造中如何利用木材的特性、纹理处理不同的结构（图2），制造砚台时如何利用石头的天然材质来处理造型，琢玉时如何利用玉石的"巧色"做出既顺应材料特性又体现功能的东西等因材施艺的例子。从宏观看，中国传统工艺非常注重材料和技术条件，结合功能的要求来设计物品。明末清初文学家李渔曾在《闲情偶寄》里提出造园时的关键为"精在体宜"（图3）。这一点决定了中国人在农耕社会这个大背景下，没有产生跟农耕社会的生活相背离的物品，不同时期的工艺品基本是跟生活方式相和谐的。

4. 巧法造化，自然启示

人与自然保持和谐在古代表现得尤为明显。例如，汉代各种仿生灯具（图4），能工巧匠鲁班发明的锯子，鲁班与墨子比赛飞行器等，都是从自然中得到启发；《三国演义》中诸葛亮为在蜀道上运粮草，发明"木牛流马"，也是把机械和仿生形状相结合的设计。即便是一些天文观测仪器，如东汉张衡的候风地动仪等，也是根据与自然相联系的一些形状来制造的。明代的漆工艺专著《髹饰录》里，明确提出了"巧法造化、质则人身、文象阴阳"。在民间造物中还有很多例子，它们的仿生不仅有功能意义，还包含了中国民间文化独特的象征性。

5. 技以载道，道器并举

技术包含着思想的因素，把形而下的制

图2　明·黄花梨木藤心扶手椅（故宫博物院藏）

图3　扬州个园

图4　西汉·长信宫铜灯（河北博物院藏）

造如具体功能操作、技术劳动和形而上的理论结合起来。这种观念从先秦时候就已形成，其中道家思想的影响最大，儒家也有类似思想，如"文以载道"等。虽然中国历史上许多时期道器观念有些倾斜，重道轻器思想流传甚广，但在民间日常生活中，精神性始终没有大过实用性。

6. 文质彬彬，形神合一

中国传统工艺的智慧要求造物中内容和形式的统一、功能与装饰的统一。强调两者统一，可避免陷入形式主义，或只讲究功能等倾向。这是儒家的"文质彬彬"思想影响的结果。它要求人们在生活方式、行为准则及人造物和人的关系等方面，始终保持文质彬彬的价值取向。

中国工艺综合的、系统的、文化的、儒道互补的设计传统，给我们留下了丰富的非物质文化遗产，也包含了许多人工造物与生活的智慧。从宫廷贵族或文人的主流思想中总结的传统工艺智慧，以及更加丰富精彩的民间工艺智慧，都有自己一套独立的系统，它是中国独特生活方式的"原型"所在，复杂地折射了土地、人、生产之间的关系，并通过"馈赠"和流转，在纵向的历史和横向的生活片段中传承。

中国唐代服饰特色形成因素及影响

—— 华 梅 ——

● 天津师范大学美术与设计学院原院长、教授

● 华梅服饰文化学研究所所长

● 人事部授衔 "有突出贡献中青年专家" 称号、享受国务院政府特殊津贴专家

一、唐代服饰的形成基础

从中国封建社会的文化和经济发展状况来看，唐代无疑是人类文明发展史上的一个巅峰，唐朝政府不仅对外实行开放政策，允许外国人来唐经商、吸引外国留学生，甚至允许外国人参加科考并出任官职，对外来的文化、艺术、宗教采取欣赏与包容的态度，使当时的首都长安成为中外文化交流中心。在这种开放包容的社会背景下，唐朝妇女不必恪守古板教条和传统穿衣规范，她们既可以穿袒露胸背的宽领服装或吸收外国服饰风格，穿出异国情调；又可以着男装、穿胡服，骑行射猎，此外还拥有择偶和离婚的自由。富足丰实的物质基础和宽松自由的社会环境，使唐代的文化空前发展，诗歌、绘画、音乐、舞蹈等领域涌现诸多名家，群星璀璨。加之在隋朝就已奠定坚实基础的纺织业到唐代又有了长足的发展，缂丝、印染等技术也达到较高的水平，服装材料品种之多、产量和质量之高不仅前所未有，不拘一格的服装样式亦在当时成为世人推崇的美丽时尚。

二、唐代服饰与女子妆饰

盛世唐装中最夺目的要数女装，以及女子变幻多样的发髻、佩饰和面妆。唐女讲求配套着装，每一套服饰都展现着一个完整又独特的人物形象。唐人着装亦非一时心血来潮地随意搭配，而是依据着装所处的场合与背景，将服饰艺术之美发挥到极致。因此，每一种搭配都个性鲜明，却又有着深厚的文化底蕴。唐女常见配套服饰可归结为三种，除了传统的襦裙装外，还有受西域文化影响而引进的胡服和打破儒家礼仪规范的女着男装形式。

传统的襦裙装上为短襦、长衫，下为裙，虽款式算不上新颖，但唐女又将其改制出了新样。比如将短襦或长衫的领型加以革新，在圆领、方领、斜领、直领和鸡心领的交替流行中，又索性将其开成袒领，这是在前朝未曾出现过的创新之举。最初主要为宫廷嫔妃、歌舞伎人等穿用，之后便引起仕宦贵妇的垂青，体现出唐人解放个性的思想境界和追求时尚的审美趣味。在传统儒家经典中明确规定要用衣服将身体包裹严密，尤其妇女必须恪守，而像唐代女装这种袒露胸口的服装款式，在礼法森严的中国社会是空前绝后的存在。

图1　唐·团窠对鸟纹锦半臂（甘肃省博物馆藏）

　　唐代还有一种短袖衫，称作"半臂"，袖长多在肘部以上位置，有交领、直领等不同形制，衣长也是有长有短（图1）。唐女常将其套在长袖襦衫的外面，其功能与今日坎肩有些相似，穿着时可搭配披帛，有娉婷婉约之感，亦凸显体态的曼妙怡人。在可见的图像资料中女子常披一件帔子，或是两肘间搭垂一件披帛，从出土的唐代女俑上可以看到这种逼真的效果（图2）。这两种饰物的区别在于帔子阔而短，一般披在肩膀一侧。传说一次宫中露天宴席，唐明皇大宴群臣，一阵风起，将杨贵妃的帔子吹到贺怀智的幞头上。由此来看，帔子应当是极为轻盈的材质，或也不排除以毛织帔子御寒的可能性。披帛窄且长，形如"飘带"，从身后向前搭于小臂之上，两端自然下垂。帔子与披帛所营造出的婉约飘然之感不仅为唐女所喜爱，更是经常出现在传世壁画的仕女图中（图3）。

图2　唐·彩绘披帛女俑（河南博物院藏）

　　唐女着襦裙装时，头上一般盘髻簪钗，也有花冠等装饰。外出则戴一圈垂纱的帷帽，初唐开始流行，至盛唐时，女人们干脆露髻骑马出行，这种着装的变化与唐代国力的昌盛和社会风尚的变革有着紧密的联系。唐女的奢华之风也体现在丰富多变的发髻上（图4）。仅高髻，就有云髻、螺髻、半翻髻、反绾髻、三角髻、双环望仙髻、惊鹄髻、回鹘髻、乌蛮髻、峨髻等，另外还有较低的双垂髻、垂练式丫髻及抛家髻、半翻髻、盘桓髻等三十多种。这些发髻大多因形取名，也有的是以少数民族的族称取名，现在除能在唐代仕女画像中看到发髻上插满了金钗玉饰、鲜花绢花的形象外，还能在出土文物中一睹唐代女子精致绝妙的金玉饰品和绢花实物。

　　面妆虽不是唐人所创，但奇特华贵、变幻无穷。唐女在脸上广施妆艺，不只是涂抹妆粉，以黛描眉，以脂涂颊，以膏点唇，还要在额头描涂黄色月牙妆"额黄"、在侧颊绘以"斜红"饰面。眉形也是花样翻新，有"鸳鸯""小山""云峰""垂珠""月棱""分梢""涵烟""拂云""五狱"等美好寓意的名

图 3   唐·房龄大长公主墓壁画（陕西历史博物馆藏）

图 4   唐·永泰公主墓壁画（陕西历史博物馆藏）

称。双眉中间更饰有花钿，用鸟羽、黑光纸、金箔、云母片制成，也可用颜料涂画。嘴唇各时期流行不同的形状和色彩，在唇角两侧描有称为"靥"的红点，并在后期变化出钱形、杏桃形、花卉形等多样的形态（图5）。

唐代整套男服穿在女子身上又别有一番情趣。唐代经典男子造型是头戴幞头、身穿圆领袍衫、腰间系带、脚蹬乌皮六合靴的组合穿搭。这身装扮使男子尽显干练、潇洒又不失儒雅，女子穿着又有一种洗尽铅华、平添帅气与俏皮的风度。尽管儒学条规中早有"男女不通衣裳"的规定，但唐代女子穿男袍、踩皮靴、持马鞭、戴巾帽的形象在今日所存的传世实物中仍可一窥风采。例如，周昉《挥扇仕女图》（图6）、北宋摹本《虢国夫人游春图》，以及敦煌莫高窟壁画中仍清晰可见。说明对于唐代女性而言，不论身份尊卑贵贱、不管居家或出游都可以这样装扮，由此可管窥唐代开放与包容的社会风貌，也正是这样恢宏大气的唐王朝造就了唐代服饰成为中国服饰历史长河中绚丽华美的一段篇章。

盛世唐装一直散发着耀眼的光芒，尽管今天的人们习惯将对襟祆通称为"唐装"，以其代表中国传统服饰，也只不过是一种以唐代为荣的说法。事实上，现代的唐装远不及唐代的服装璀璨夺目，千姿百态的变化中富有旺盛的生命气息。其宏大气势引"万国衣冠拜冕旒"，唐代服饰不仅传入日、韩等国家并被吸收转化与融合发展，而且唐代服饰悠远深刻的影响力和博大包容的胸怀至今还在世界上熠熠生辉，足以令国人为之骄傲。

图 5　唐·敦煌莫高窟 130 窟《都督夫人礼佛图》壁画（段文杰临摹）

图 6　唐·周昉《挥扇仕女图》（故宫博物院藏）

旗袍的前世今生

—— 崔荣荣 ——

● 浙江理工大学服装学院院长、教授、博士研究生导师

● 全国纺织博物馆联盟副理事长、中国艺术人类学会常务理事

● 教育部"新世纪优秀人才"、江苏省"333工程"中青年科技领军人才

一、民国时期旗袍流行的时尚与价值

首先，从民国时期先后三次颁布的"服制条例"中可窥民国旗袍流行的广度，其中有两次对旗袍细节作出详尽描述：1929年颁布的《服制条例》规定女子礼服有旗袍和上衣下裳两种，第一次官方描绘旗袍"齐领，前襟右掩，长至膝与踝之中点，与裤下端齐，袖长过肘，与手脉之中点，质用丝麻棉毛织品，色蓝，钮扣六"的细节（图1），并将旗袍定为女公务员制服，"惟颜色不拘"。[1]1939年颁布的《修正服制条例草案》，在女子礼服、制服和常服中出现更多对旗袍细节的详述。[2]因此，虽然在旗袍流行伊始曾出现反对的声音，但这种声音是少数和暂时的，并未阻碍旗袍的推广和流行，从官方到民间，旗袍流行已蔚然成风。

旗袍的时尚流行成为突破阶级、年龄、场合等的雅俗共赏之服，打破了古代中国传统服饰的政治性附加，不仅在设计上解放女性躯体，实现设计自由，在美学上也通过不同穿着者对旗袍文化韵味的不同诠释及展示，腾出更多"空白"空间和结构。面对同一流行，不同阶级及场景下的人可以有不同的解读，促使旗袍的流行凸显出模糊性的特征。这种模糊性使服装风格在雅俗之间的界限不再泾渭分明。民国影星宣景琳女士曾说："最适于中国妇女的服装，还得算是旗袍，旗袍可以说是最普遍而绝无阶级的平等服装，即便是出席盛宴，也不会有人指责你不体面，在家里下灶烧饭，也没有人说你过于奢华。"[3]《文华》1933年刊出的一组女性生活场景图片（图2），亦使后人从民

❶ 佚名. 中央法规 服制条例［J］. 福建省政府公报，1929（94）：24-28.
❷ 张竞琼，刘梦醒. 修正服制条例草案的制定与比较研究［J］. 丝绸，2019，56（1）：95-96.
❸ 陈昕潮. 旗袍是妇女大众的服装［J］. 社会晚报时装特刊，1911：20.

图1 1929年颁布的《服制条
例》中绘旗袍样稿

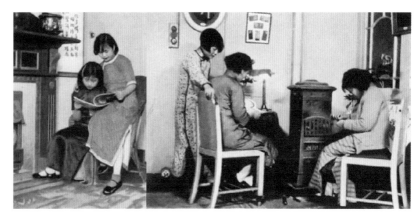

图2 1933年《文华》摄女子着旗袍形象

国遗留的摄影及画作中，见到女性普遍穿着旗袍的身影。

在民国后期旗袍流行还突破了中西藩篱，建构出来的东方风韵逐渐被西方女性接受和推崇。"尤其在美国，时髦小姐已有很多穿在身上，而世界电影之都的'好莱坞'，一般电影红明星，更不肯落于人后，竞相采用，而且别出心裁，式样各殊"。此外，旗袍还盛行于英、法、日等国家。旗袍足够开放的结构，为女性服饰带来了极大的变化空间，其极大的包容性跨越了文化和民族的差异，实现旗袍本土文化及时尚流行的海外传播。

二、中华人民共和国成立初期旗袍的式微与复兴

中华人民共和国成立伊始，百废待兴，在男女平等、男女同工等各种社会改革中，女性的性别意识有意无意地淡化。加之强烈的国家认同驱动，个体为群体让位，女性着装开始去性别化，逐渐与男装达成"一致"。在官方倡导下，旗袍在女性生活、学习及工作中逐渐式微。自1956年后，凭借"美化服装"运动，美观、经济、实用的旗袍迎来了第一次复兴；"美化服装"运动先后持续两年左右，紧接其后的"反浪费"运动则是一项需要长期秉持与实践的整体运动，旗袍也在"先进剪裁"与"旧衣改制"技术革新中出现第二次复兴（图3）。经过两次复兴后旗袍再次成为中国官方及民间认可的女性服装。

图3 1961年《人民画报》第3期

三、改革开放后旗袍的民族化与礼仪化

改革开放后,中国发生了天翻地覆的变化,人们对旗袍等服饰的态度也发生了变化,同时迎来了第三次复兴的旗袍,在世界多元时尚浪潮冲击下,在生活方式巨变的时代背景下,再难占据女性服饰的主流。但是,旗袍作为礼仪服饰的应用并未式微,反而呈逐渐上升趋势,不仅在外交场合,而且在国内的职场等场合,均得到了广泛认可。尽管旗袍作为职业礼服曾有一些争论,但可以通过设计及技术的改良进行改善和解决。改革开放后的旗袍复兴更多的是一种意识上、理念上的复兴,是人们心理层面的接受与认同。改革开放后国内的设计师及相关厂商立足传统文化开展各类创新实践,以期迎合人们新的审美观念。也正是在此过程中,中国旗袍在设计理念上完成了"民族化"与"时代感"的融合,在美化了旗袍的同时,也悄然形塑了旗袍的新形象。

四、新时代旗袍的文化与形象

在新时代背景下,旗袍更多地出现在国家礼服的设计中,如G20杭州峰会期间,杭州市政协委员、中国杭州低碳科技馆副馆长江静向市政协十届五次会议递交了《关于倡议杭州女性在G20峰会期间穿旗袍的建议》。同时,旗袍也吸引了更多民族品牌和设计师的关注并加以设计和传承。优秀的设计作品不断涌现,文艺界知名女性也通过身着具有中国设计艺术特色的时尚旗袍,展现21世纪中国女性的魅力与能力。此外,旗袍协会的兴起、产

图4　2019年江南大学民间服饰传习馆"卓卓芳华,旗袍的回望——庆祝中华人民共和国成立70周年文化展演"

业集群的打造、旗袍新民俗的产生以及众多旗袍文化活动的举办都使中国旗袍文化在国内外广泛且迅速地交流传播(图4)。回看旗袍发展史,无论是民国时期的雅俗共赏,中华人民共和国成立与改革开放后的三次复兴,还是今时今日,旗袍都具有十分重要的地位。

明清之际的女子服饰风尚

—— 陈 芳 ——

● 北京服装学院美术学院教授、博士研究生导师

● 中国文物学会纺织文物专业委员会理事、北京市美学学会理事

● 教育部学位与研究生教育发展中心艺术学学科专家库成员

一、明代女子"披风"形制与流行

明代的"披风"是一种男女皆服的外衣，具有固定的形制，从明末《妇人像》和清代《雍亲王题书堂深居图屏·观书沉吟》（图1）中可见妇人外面穿着的服装即是"披风"。对比贵州思南明代张守宗夫妇墓出土的"披风"实物亦可知它们的形制基本相同。有关明代披风的记载，在朱之瑜所撰《朱氏舜水谈绮》中以图文并茂的方式有所描述（图2）。披风最大的特点是对襟，瓦领❶下端有玉扣花，或者用小带系缚，衽边前后分开不相属，即两边开衩的形制。

综合实物、图像和文献材料，披风的流行时间可能为弘治至乾隆年间，万历到康熙年间是流行的高峰时期，最流行的时间跨度约150年，对于一种形制的服饰来说，其流行时间不能不算长，从中也能见到古代服饰的变化相对还是缓慢的。换一个角度看，在明末清初，服饰时尚变化相对较快的时期（尤其是江南地区），披风能够流行这么久，可见它是一种美观而又方便的服饰，深得人们的喜爱。京剧服饰中的"帔"便是对明代"披风"的继承和发展。

"披风"的形制是此前中国古代服装史上不曾有过的，它的流行应该伴随着偶然和必然的诸多原因。"披风"的雏形是"褙子"，但在褙子的基础上进行了一些改变，如前所述，其变化主要体现在收腰大摆和领子上，改变的原因可能是受到西亚、中亚的服饰影响。明以前中国古代女子的服饰不强调显露女性的身材，也不突出杨柳细腰的妩媚，一般是直摆下来。西方女子的服饰自古就强调收腰大摆，如古希腊克里特岛上出土的持蛇女神，袒胸露乳，细腰宽裙，彰显女性身材的性感。西方后来的紧身胸衣大撑裙，更加夸张地表现了女性的第

---

❶ 关于披风的领式没有固定的叫法，此处所用"瓦领"的说法只是一家之言，并非朱氏书中的名称。

二性征。在图像和实物考察中发现，中亚往西的古代女子服饰都强调细腰大摆，以此突出女性的身材。因此，在明代中西交流的大背景下，"披风"的收腰大摆可能受到西亚和中亚服饰的影响。而敞领大开的目的在于彰显"披风"下面所着衫或袄的立领上的纽扣。这些玉、金、鎏金或镶嵌宝石的纽扣精美异常，是明代工匠的首创，当时作为首饰对待❶，在贵族女子的服饰上相当流行。

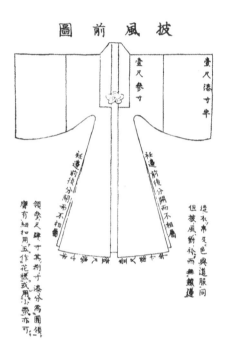

图1　清·佚名《雍亲王题书堂深居图屏·观书沉吟》（故宫博物院藏）

图2　明·朱之瑜《朱氏舜水谈绮》中的"披风"

二、明清时期"对扣"缘起与流行

明代女服上的"对扣"并非一般意义的纽扣，而是由别致的动植物造型单体通过子母套结式结构扣合而成，仿佛雌雄二体的结合方式，既能承载服饰门襟的闭合功能，又能作为精致雅丽的首饰，彰显佩戴者的身份地位，是明代女子服饰上一种特殊时尚的装饰。它的质地有玉、金、银、铜、琥珀、玛瑙等多种类型，奢华者在金、银"对扣"上镶嵌红蓝宝石（图3），讲究者常常在银、铜表面鎏金（图4）。由于其行用阶层的差异、使用场合的不同、材料产地（中亚、西亚的宝石）的特殊和手工技艺的精湛等因素，承载了社会学和物质文化史的多重含义。

目前，我们还不清楚中国最早从什么时候开始在服装上使用织物"对扣"，但最晚在唐代已经开始，这从日本正仓院收藏的唐代大歌绿绫袍上的纽扣已能得到证明（图5）。此袍与粟特出土的一件儿童夹衣形制基本相同，与普通的唐代袍子差别较大，可能是生活在大唐的中亚人的服装。无论怎样，这件遗存

❶ 朱之瑜. 朱氏舜水谈绮 [M]. 上海：华东师范大学出版社，1988：355.

图3　明·嵌宝石蝶恋花金纽扣（首都博物馆藏）

图4　明·鎏金镶宝石蝶恋花银扣（江西省博物馆藏）

下来的唐代袍子上，已经使用了雌雄二体扣合的织物"对扣"。这种子母套结式结构的"对扣"，宋元辽金继续沿用，材料主要为织物，至于金属或者玉对扣在明以前尚未发现。元代织物"对扣"的子母套结式结构基本与宋代相同，但襻脚由原来的一字型变成了花瓣型。明代与唐代的"对扣"相比，材料已经由织物发展成金属或玉，襻脚已经由一字型变成异型，襻圈已由圆型演变成菊花、葵花等花瓣型和方型。这种金属或玉"对扣"经过明末清初的流行，在乾隆时期以后便很少在图像中出现。

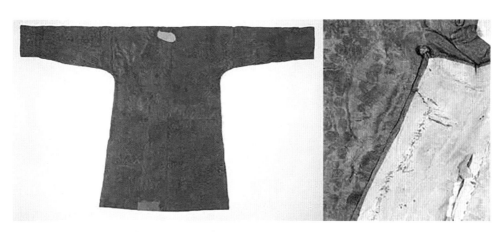

图5　唐·大歌绿绫袍（日本正仓院藏）

　　"对扣"虽小，但承载的物质文化含义却很深厚，明代女服上的"对扣"在结构、形制和图案装饰上主要是对明以前织物纽扣的模仿、继承和发展，逐步形成新的样式。但明以前的织物纽扣最早可能是从中亚、西亚传入的，也就是说，纽扣是中亚、西亚人发明的，在早期的服饰文化交流中传到中国，同时也传到欧洲。

　　女子服饰上的"对扣"之所以在明代流行，主要原因在于中亚、西亚与明代的频繁交流中，领部缝着金扣的立领服饰在中土频频亮相，这种搭配金扣的立领服饰与明代女子颈部的白色护领上装饰金扣的方式不谋而合，遂会引起人们的兴趣，从而进行模仿，导致明代女子服饰出现一种新的流行时尚——立领配金扣的模式，这种模式最晚在正德年间已经成型，并在明正德夏儒夫妇墓出土的对襟单衣上得到实物证明（图6），❶此单衣上留有清晰的6副对扣痕迹，但没有纽扣出土。这说明最晚在正德年间，金属

❶ 北京市文物工作队. 北京南苑苇子坑明代墓葬清理简报 [J]. 文物，1964（11）：45-47.

"对扣"已经在立领的服装上使用。结合文献、图像和实物材料可知，"对扣"持续流行到乾隆年间才告结束。小小的"对扣"由于其材料的珍贵，工艺的精湛，价格的高昂等原因，位居明代奢侈品的行列是当之无愧的，"对扣"的流行与其说是为了服饰门襟的闭合，不如说是为了彰显佩戴者的财富和身份。

图6　明·浅驼色四合云地过肩蟒妆花纱单衣（首都博物馆藏）

汉族传统服用纽扣来源考释

—— 宋 炀 ——

● 北京服装学院美术学院副教授、硕士研究生导师

● 英国伦敦艺术大学伦敦时装学院国家公派访问学者

●《艺术设计研究》副主编

一、"纽扣"词源考释

从词源学上看，中国古代典籍中很早便出现了"纽"和"扣"的文字记载。在中国第一部系统分析字形和考据字源的东汉《说文解字》中记载：纽，从系，丑声。❶ 一曰结而可解，结而不可解曰缔❷。在先秦小篆中的"纽"是象形字，最初也是形容用手指弯曲打结的意思，这种含义与早期典籍关于"纽"的记载大致相通。在更早的《周礼》《礼记》等书中，也出现了早期关于"纽"的使用记载。《礼记·玉藻》曰："居士锦带，弟子缟带，并纽约用组。"❸ 这里记载的是周代大带的服用规制。到唐代时，这种含义仍旧延续。唐代孔颖达疏："纽谓带之交结之处，以属其纽。约者，谓以物穿纽，约结其带。"❹ 其中也明确指出"纽"是带子打结的部位。在《旧唐书·舆服志》部分记载唐代大裘冕的服用规制时，提道：纽皆用青组之。❺ 此处的"纽"仍指带结。

尽管"纽""扣"等词出现的时间很早，但同服装衣扣相关的含义大都出现的时间较晚，汉人服饰上使用纽扣的时间也确实迟至唐宋。反观部分学者将先秦及此前出土的形似现代"纽扣"的文物视为汉族传统服用纽扣的源头，如2005年甘肃临洮县出土的4600年前的

❶ 许慎. 说文解字 [M]. 上海：上海古籍出版社，2007：657.

❷ 阮智富，郭忠新. 现代汉语大词典（下）[M]. 上海：上海辞书出版社，2009：653.

❸ 崔高维. 礼记 [M]. 沈阳：辽宁教育出版社，2000：103.

❹ 郑玄，郜同麟. 礼记正义（第2册）[M]. 杭州：浙江大学出版社，2019：789.

❺ 刘昫，等. 旧唐书（卷36—卷77）[M]. 长春：吉林人民出版社，1995：1189.

"陶制纽扣"[1]（图1）或是云南晋宁石寨山出土的古代纽扣[2]（图2），这些被判定为"纽扣"的文物很大程度上是流于形似的角度考量。学者闵惠泉从词源学的角度幽默风趣地驳斥了上述学者的观点："如果我国早就有石制（陶制）或骨制的纽扣并长期沿用，东汉的许慎大概会有所耳闻，兴许会收入一个与石字部首和'丑'结合的新字。"

图1　甘肃临洮县出土"陶制纽扣"

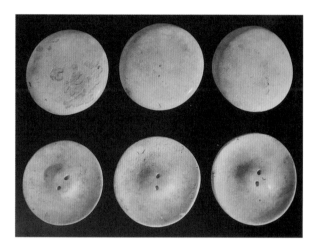

图2　云南晋宁石寨山12号墓纽扣（云南省博物馆藏）

二、传统系衣方式考略

在汉族传统服饰文化中，衣带不仅是闭合服装的部件，更是着装礼法的象征。在周代的仪礼当中，设有专门的束带礼。作为冠礼中的一部分，束带预示男子从此转变为社会中的成年人。《后汉书·延笃传》载：且吾自束脩以来，为人臣不陷于不忠，为人子不陷于不孝。李贤注：束脩，谓束带修饰。[3]束带不仅仅是仪表的修饰，同时也是对品行操守的约束。此外，《周礼》将上至天子诸侯，下至官吏士庶冠带的形制、长短、颜色、装饰均纳入了礼制规范。当时贵族的腰带称为"绅"带，以绢制成，士大夫则用生绢，宽四寸，士以上用熟绢，宽两寸，并规定："绅长，制，士三尺，有司二尺有五寸。"[4]后来"绅士""乡绅"也被用来指代束绅之人。服饰作为身份地位标识的工具，将人与人之间的隐性关系通过物与物之间的显性差别表现出来。

[1] 俞善锋，陈福民. 纽扣 [M]. 沈阳：万卷出版公司，2015：3.
[2] 陈培青. 纽扣在现代成衣上的延伸设计 [J]. 纺织学报，2007，28（11）：111-114.
[3] 王仁湘. 善自约束：古代带钩与带扣 [M]. 上海：上海古籍出版社，2012：222.
[4] 许慎，马松源. 说文解字（第1册）[M]. 北京：线装书局，2016：391.

三、纽扣来源考证

　　从实物考证的角度来看，关于纽扣的服饰实物目前最早见于唐朝的中亚和西域地区。在北高加索地区莫谢瓦亚·巴勒卡墓出土的一件公元8世纪粟特贵族穿用的深绿色长袍（图3），其门襟上一共饰有三对纽扣。该件锦袍以贵重的粟特丝绸制成，为当时的粟特贵族穿用。服饰上的纽扣以织物制成，由纽头和纽襻组成，衣领不扣合时可形成一侧翻领的样式，这种翻领样式在当时粟特地区较为常见。在克孜尔石窟第224窟茶毗图壁画中的胡人亦穿此种样式（图4）。另外，在新疆吐鲁番唐代阿斯塔那217号墓出土的绛红色麻衣前襟止口部位，出现了一枚织物纽头；在189号墓出土了一件大概为唐代神龙至开元年间的"针衣"，上面也出现了纽扣。这些纽扣服饰实物均出土于古丝绸之路沿线地区。作为中西文化交流汇集之地，受胡风影响颇深。且系纽方式更能适应西北地区的气候环境，起到防风御寒的作用。无独有偶，日本正仓院所藏奈良时代的圆领紧身窄袖袍也是以纽扣系合，与上述深绿色长袍样式类似。

　　在隋唐时期出土的胡人俑和墓葬壁画上也有不少胡人穿用纽扣的例证（图5）。这些饰有纽扣的服装样式以圆领袍和翻领袍为主，服用者以胡人居多。唐代汉人也主要是在圆领袍衫和翻领袍上使用纽扣，而这两种样式并非中原地区传统的服装样式。纽扣的服用部位主要集中在翻领袍和圆领袍的领口以及前襟上，使用数量多为2～3对。翻领袍上的纽扣可用于开合领部，法国学者海瑟·噶尔美女士认为，三角形大翻领对襟束腰长袍是中亚或西亚草原骑马民族的服饰，而圆领袍实际上也是一种尺寸较小的三角形翻领长袍，当圆领展开时，就变成了小型翻领；当把翻领扣起来时，就变成了圆领。而关于圆领袍，目前学界多认为其是一种流淌着西域胡族基

图3　莫谢瓦亚·巴勒卡墓深绿色长袍

图4　克孜尔石窟第224窟茶毗图

图5　唐·佩蹀躞带三彩胡人俑（观复博物馆藏）

因的服饰。结合唐代及之前的汉人服饰系衣习惯来看，不论是对襟、半臂还是交领样式，几乎皆以束带为主（图6）。由此看来，传统汉族服饰中的纽扣很可能并不是中国本土演化生成，而是源于对西域胡服的借鉴。

图6　唐·张萱《捣练图》（波士顿艺术博物馆藏）

中国早期服装制式的形成

—— 周　方 ——

● 上海大学上海美术学院副教授

● 中国装束复原团队成员

一、"制式"与形制的区别

"形制"是较为固定的造物规制，早期多用于描述兵器、建筑和车舆制度。《史记·叔孙通传》有载："通儒服，汉王憎之。乃变其服，服短衣，楚制，汉王喜。"颜师古注："制，谓裁衣之形制。"[1]后多用于表述制度化的，在一定时间段内稳定不变的官服、礼服结制式样。在官服、公服、礼服之外，服装的外观与结构会随着地域物候、社会发展、经济水平、织造进步、裁剪技艺和个人审美而产生变化。早期服装的诞生与形成，处于一种动态的、不平衡的发展演变历程中，很难用"形制"一词去表述，在《老子》中就载有"因物之性，不以形制物也"的观点。[2]

二、早期服装的四种基本制式

1. 障蔽式

"障蔽式"采用独立、不相连的衣片，多方位地遮掩身体，从目前所掌握的材料来看，可纳入这个范畴的有"尾饰""裳""芾""邪幅"和"帔"。早期用于障蔽身体的材料有兽皮、羽毛、编草、树叶、枲麻和丝绸。《礼记·礼运》载有"未有麻丝，衣其羽皮"，在《魏台访议》中也记有"黄帝始去皮服布"之句。对裳的理解，据《尚书大传》的"徐广舆服注"曰："汉明帝案古礼，备其服章，天子郊庙，

---

❶ 司马迁. 史汉文统·史记统（卷4）[M]. 北京：商务印书馆，2019：180.
❷ 王弼. 老子 [M]. 北京：首都经济贸易大学出版社，2007：20.

衣皂上绛下，前三幅，后四幅。"❶与此相同的记载有《仪礼·丧服》郑玄注："凡裳，前三幅、后四幅也"，❷可知裳的门幅为前三后四且不连接上衣的结构，在三星堆遗址4号坑出土的铜跪坐人像的下身所着即为"裳"（图1）。

2. 贯头式

沈从文《中国古代服饰研究》对贯头衣的描述为："用两幅较窄的布，对折拼缝，上部中间留口出首，两侧留口出臂。它无领无袖，缝纫简便，着后束腰，便于劳作。"❸彝族成年男子上衣会在后摆剪开5寸左右的开口，使下摆呈尖尾的三角形；女子上衣前襟及腰，后摆则过膝。在滇西、楚雄、滇东等地的彝族，普通穿着前短后长的"拖尾服"，彝族为古羌人南下融合本地土著演变而来的民族，因此服饰中也留有古羌人的印记。结合上述服装分析可知，贯头衣和障蔽式服装已有了"杀"（即初期裁剪）的观念，为"衣裳式"服装的出现做了必要的前期准备。

图 1　商·青铜扭头跪坐人像（三星堆博物馆藏）

3. 分裁式

古有"伯余制衣裳"和"黄帝、尧、舜垂衣裳而天下治"之载，可知中国早期服装即有分裁式的上衣下裳制式，先秦时期衣已有明确的前中缝和后背缝的概念，后背缝的长度即衣的长度，又名"裻"，这条缝合线要正，要左右对称，后世礼服裁制讲究"端"，端即为正。北大所藏秦简《制衣》中写作"督"，大衣督长三尺、中衣督长二尺八寸、小衣督长二尺五寸，记述了督长与衣长的关系。早期短上衣"贯头式"和"开襟式"的区别只是缝合与否、缝合多少的问题，袖子另用矩形布片拼接，至于上短大小、腋下是否缝合无一定复，可从法门寺出土唐代半臂中管窥一二（图2）。"衣"在后世逐渐演化出褐、襦、襦、袄、衫、褶、袭等称谓，其中"襦"是中国古代服装中的基础服装类型，依据长短、厚薄、质料和闭合方式的不同可发展出其他服装类型并冠以新名。襞幅为"裳"，如三星堆出土商代青铜立人像的服装下摆就存在尖形的"裳"的结构（图3）；接幅为"裙"，原作"帬"，段玉裁注《说文解字·巾部》有"若常则曰下帬，言帬之在下者，亦集众幅为之，如帬之集众幅被身也"❹的记载，可知裙晚于裳出

❶ 解缙，等．永乐大典（卷5）［M］．郑福田，等，编．呼和浩特：内蒙古大学出版社，1998：3205．
❷ 许嘉璐．中国古代礼俗辞典［M］．北京：中国友谊出版公司，1991：1．
❸ 沈从文．中国古代服饰研究［M］．北京：商务印书馆，2020．
❹ 吴芝瑛．中华大字典（子集）［M］．中华民国四年影印刊，1915：202．

现，体现了从分片式向集成式的演化。

图2　唐·紫红罗地蹙金绣半臂（法门寺博物馆藏）　　　图3　商·青铜立人像（三星堆博物馆藏）

4. 连属式

随着上古部族的交伐迁徙、文明的融合、政权统治的需要、生产力的发展，早期服装也逐渐向长、阔、大的方向发展。体量的博大反映了生产资料的汇聚，装饰的华美源自能工巧匠的集合，早期服饰文明从多方向中心聚合，进而汇聚为"服章之美""礼仪之大"的华夏服式。在"多元一体有核心"的发展势能推动之下，制式简单的"衣"已经不能满足日益丰富多样的需求，又因受限于早期纺织材料的幅宽限制，留给先民的技术路径只有一条：将分裁的衣片缝合起来连为一片，"连属式"由此而生。据《释名·释衣服》载："襜，属也，衣裳上下相连属也。"又曰："上下连四起，施缘亦曰袍。"❶而在《礼记》载："衣裳相连，被体深邃，故谓之深。"❷从这些表述可以看出一个不断增缝衣片，加大、加深服装对人体贴合度的过程，即从连属，向袍，再向深衣的演变。

在这个不断加深对身体包裹的发展过程中，有两个极为重要的新增衣片加入，即"衽"和"缘"（图4、图5）。据《诗经·小雅》载："百礼既至，有壬有林。"❸壬为大，林为盛，服装是礼的重要组成部分，早期窄小的"衣"显然不能成"壬"成"林"，这就不需要在"衣"上加"壬"。"衽"字的本义是使"衣"增大的接片，其基本功能则是拓展衣的内部空间。

❶ 刘熙. 释名（卷5）[M]. 北京：中华书局，2016：3.
❷ 郑玄. 礼记注疏（御制读礼记文王世子篇）[M]. 上海：上海古籍出版社，2016.
❸ 诗经 [M]. 王秀梅，译. 北京：中华书局，2015.

图4　战国·银质男子立像（日本东京永青文库藏）

图5　战国·青铜驭手（美国纽约大都会艺术博物馆藏）

三、早期服装四种基本制式的历史意义与现实价值

中国古代服饰在先秦时期达到了历史的高峰，裁剪工艺合理，能做到最大限度地使用面料，物尽其用，斜裁与包裹身体体现出对于人体的深刻认识。

中国早期服装的四种基本制式是在中华文明母体内部演化完成的，有其完整而连续的演化历程。"障蔽式""贯头式"开始具有原始裁剪思维，"贯头式"又有贯头、半开襟和开襟式，领部也有圆领、矩领和交领3种样式，下配以前后障蔽的裳，上衣下裳的基本格局就此形成。后来短衣逐渐增长并与下裳连属，小袖亦随之演进为大袖，逐渐形成了后世所言"袍服"式样。中国早期服装由"襞幅"到"连幅"的演变，体现了中国古代服装的连续性发展机制，后世服装的开合、长短、大小都是在这四种制式基础上不断细化、丰富化发展。

从孔府旧藏服饰看明代的服饰文化

—— 董　进 ——

- 北京十三陵特区明代帝陵研究会特邀会员
- 著有《大明衣冠图志》

一、明代男子服饰

山东孔府旧藏留存了数量可观、品相上佳的明代服饰，其中明代男子服饰主要有朝服、祭服、公服、常服、吉服、素服和便服。朝服是文武官员在大祀庆成、元旦、冬至、圣节等重大朝会和颁诏、颁历、册封、传制、进表、传胪、拜牌、领诰敕等场合所穿着的最隆重的礼服。孔府旧藏存留一套衍圣公朝服，为赤色上衣下裳和相应的玉佩、革带等配饰（图1）。祭服是皇帝祭祀郊、庙、社稷时，官员陪祭时所穿的服饰，祭服的形制与朝服相同，但衣、裳使用的颜色有所区别。公服是明代官员独有的一类服饰，主要用于公事、宴赏、谢恩、见朝、辞朝等场合。据《大明会典》载："公服花样，一品用大独科花，径五寸；二品用小独科花，径三寸；三品散答花，无枝叶，径二寸；四品、五品小杂花纹，径一寸五分；六品、七品小杂花，径

图1　明·朝服上衣（上）与朝服下裳（下）（山东博物馆藏）

一寸；八品以下无纹……凡文武官公服花样，如无从织买，用素随宜。"❶可见，官员公服的等级属性主要从纹样的大小、数量等方面加以体现。其次，公服的服色、革带的形制、笏板的材质等方面的区别也体现着官员职位的高低。

明代常服使用范围非常广，如皇帝在常朝视事、日讲、省牲、谒陵、献俘、大阅等场合均穿常服。洪武元年（1368年）规定皇帝常服用乌纱折角向上巾，盘领窄袖袍，束带间用金、玉、琥珀、透犀。永乐三年（1405年）定："冠以乌纱冒之，折角向上，今名翼善冠；袍，黄色，盘领、窄袖，前后及两肩各金织盘龙一；带用玉；靴以皮为之。"❷皇太子、亲王、世子、郡王的常服形制与皇帝相同，但袍用红色。文武官员则在日常上朝和坐衙视事等场合穿着，孔府旧藏所存大红色暗花纱缀绣云鹤方补圆领即为衍圣公的常服（图2）。

图2　明·大红色暗花纱缀绣云鹤方补圆领（山东博物馆藏）

吉服是指在时令节日及寿诞、筵宴等各类吉庆场合所穿的服装。明代皇帝吉服尚未正式进入制度，因此在具体形制上也没有严格的标准。官员在各类吉庆场合和部分礼仪活动中会穿着吉服，形制与常服相同，只是圆领袍统一使用红色。吉服也是明代出现的一种新的服饰分类。南京御史孟一脉给明神宗的上疏中提道："遇圣节则有寿服，元宵则有灯服，端阳则有五毒吉服，年例则有岁进龙服。"寿服为帝后寿诞日所穿，多饰有"万寿"等与祝寿有关的纹样；灯服为元宵节所穿，使用灯笼纹样的衣料或补子；五毒吉服为端阳节所穿，饰有"五毒"纹样；龙服即饰有龙纹的各式龙袍。这些服饰均属于"吉服"。

素服分为两种，一种是白素服，用在国丧期间；另一种是青素服，形制与常服相同，但衣身为青黑色，俗称"青圆领"。明代皇帝在帝后忌辰、丧礼期间或谒陵、祭祀等场合所穿。青服圆领素而无纹，不饰团龙补子等，官员搭配乌纱帽，革带用乌角（黑牛角）带跨，深青色带鞋。《明实录》记载了嘉靖二十四年（1545年），太庙火灾，明世宗青服御奉天门，百官亦青服致词行奉慰礼。万历十三年（1585年）大旱，明神宗着青服，由宫中步行至圆丘祈雨，《徐显卿宦迹图》将这个历史场景用绘画的形式记录了下来。

便服是日常生活中所穿的休闲服饰。明代皇帝的便服就款式、形制而言，和一般士庶男子并没有太大区别。比较常见的便服式样有曳撒、贴里、道袍、直身、整衣、披风等。官员日常闲居所穿的便装也

❶ 李东阳，等. 大明会典（卷61）[M]. 申时行，等，重修. 扬州：广陵书社，2007：1057.
❷ 俞汝楫. 礼部志稿 [M]. 钦定四库全书影印本（明泰昌元年官修），1620：5.

是便服，因不在制度规定的范围内，故款式、纹样都非常丰富，选用的材质也会根据季节和功能的需要而多种多样。如道袍，又称褶子、海青等，是明代中后期男子最常见的便服款式之一，也可作为衬袍使用。《酌中志》记载："道袍，如外廷道袍之制，惟加子领耳。"[1] 其形制为直领、大襟、右衽、大袖收口，衣襟用系带作为固定，衣身左右开裾，前襟两侧各接出一幅内摆，打褶后缝于后襟里侧，在孔府旧藏所存蓝色暗花纱道袍中可清晰地看到这一结构（图3）。内摆的作用主要是遮蔽开裾的部位，使穿在里面的衣、裤不会在行动时露出来，保持了着装的端正和严肃。同时，摆上作褶又形成了一定的扩展空间，不会因为内摆连接前后襟而使活动受限。如直身，也称直领，据《酌中志》载："直身制与道袍相同，惟有摆在外，缀本等补。"[2] 直身形似道袍，直领、大襟、右衽、大袖收口，衣襟用系带固定，衣身两侧开裾，大、小襟及后襟两侧各接一片摆在外，有些会在双摆内再各加两片衬摆。双摆的结构是区分道袍和直身的标志，可见孔府旧藏绿色暗花纱单袍中的侧摆结构（图4）。

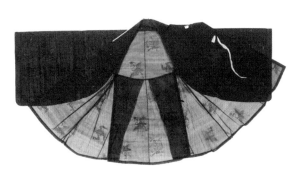

图3　明·蓝色暗花纱道袍（山东博物馆藏）

图4　明·绿色暗花纱单袍（山东博物馆藏）

二、明代女子服饰

明代女子服饰主要有礼服、祭服、常服、吉服和便服。礼服主要是明代后妃的朝、祭之服，皇后在受册、谒庙、朝会等重大礼仪场合穿着礼服。命妇礼服在孔府旧藏中存有一件赭红色暗花缎缀绣鸾凤圆补女袍，衣身下摆前短后长，胸背各缀一彩绣流云鸾凤圆补，在一定程度上借鉴了大衫的形制（图5）。女子常服其功能次于礼服，亦可用在各类礼仪场合中。如皇后册立之后，具礼服行谢恩礼毕，回宫更换燕居冠服，接受在内亲属和六尚女官、各监局内使的庆贺礼。《明会典》所载永乐三年（1405年）的制度中，皇后常服更定为双凤翊龙冠、大衫、霞帔、鞠衣等。命妇常服纹样装饰不比皇后奢华，形制亦为圆领，胸背可缀补。

明代女子的吉服用于各类吉庆场合（如节日、宴会、寿诞等），便服则是日常生活中的着装，两者都没有严格的制度规定，所用材质、颜色与装饰丰富多样，并随着时代潮流而变化。目前所见明代女子

❶ 刘若愚. 酌中志 [M]. 北京：北京古籍出版社，1994：171.
❷ 同❶.

的吉服，款式多与便服一致，唯纹饰工艺更加精致讲究（图6）。苏州虎丘乡王锡爵墓出土的《明宪宗元宵行乐图》就表现了明宪宗与宫眷、内臣、皇子女们过元宵节的场景，画中大部分人物都穿着有织金或绣金纹饰的华丽衣服，如妃嫔、宫人的上衣多饰有云肩、通袖襕纹样。吉服具有两个主要特征：一是较为华丽，衣身使用主题图案作为装饰；二是图案的内容多与穿着的时间、场合相对应。女子日常的便服款式以上衣下裙为主。明代一般将无里的单衣称为"衫"，有里的夹衣称为"袄"，其衣身之长短、两袖之宽窄、领式之变化等往往体现了当时的潮流风尚。《崇祯宫词注》载："（周）皇后居苏州，田贵妃居扬州，皆习江南服饰，谓之'苏样'……宫着暑衣，从未有用纯素者，葛亦唯帝用之，余

图5　明·赭红色暗花缎缀绣鸾凤圆补女袍（山东博物馆藏）

图6　明·大红色飞鱼纹妆花纱女长衫（山东博物馆藏）

皆不敢用。后以白纱为衫，不加修饰，上笑曰：'此真白衣大士也！'自后穿纯素暑衣，一时宫眷裙衫，俱用白纱裁制，内衬以绯交裆红袙腹，掩映而已。"❶可见，孔府旧藏所存的珍贵服饰品是管窥明代社会和研究明代官员、命妇着装的重要实物资料。

❶ 史梦兰. 全史宫词（下）[M]. 北京：中国戏剧出版社，2002：712.

三加弥尊
——明代皇室冠礼及冠礼服研究

—— 温少华 ——

● 故宫博物院博士后

一、古代冠礼的意义

早在氏族时代就有成丁礼，氏族用各种方式测试成年男女的体质和生产、战争的技能，以确定能否成为氏族的正式成员。这种仪式流传到周代，再经过儒家的改造，就成了士冠礼。儒家注重用礼仪推行教化，因而有各种人生礼仪，士冠礼则是成年教育礼。整个礼仪充满着对冠者的教诲和期望。冠礼之后的男子，从此成年，可以参加社交活动，社会也要用成人之礼来约束他。

"冠"在《说文解字》中解为："弁冕之总名也。"冠礼则是成人之礼的开始，是嘉礼中的重要一项，无论在国家礼，还是士庶礼中均占有重要地位。按《礼记·冠义》载："凡人之所以为人者，礼义也。礼义之始，在于正容体、齐颜色、顺辞令。容体正、颜色齐、辞令顺，而后礼义备，以正君臣，亲父子，和长幼。君臣正，父子亲，长幼和，而后礼义正。故冠而后服备，服备而后容体正、颜色齐、辞令顺。故曰：'冠者，礼义之始也。'是故古者圣王重冠。" ❶

二、明代皇室冠礼

明代，上自天子下至庶人，皆有相应的冠礼制度。《明史》卷五十三"嘉礼一"载："二曰嘉礼。行于朝廷者，曰朝会，曰宴飨，曰上尊号、徽号，曰册命，曰经筵，曰表笺。行于辟雍者，曰视学。自天子达于庶人者，曰冠，曰婚。行于天下者，曰巡狩，曰诏赦，曰乡饮酒。" ❷ 明初，太祖朱元璋致力于恢复华夏礼仪，其中包括命礼

---

❶ 四书五经（上）[M]. 陈戊国，点校. 长沙：岳麓书社，2014：665.
❷ 张廷玉，等. 明史 [M]. 长沙：岳麓书社，1996：778.

部定冠礼制度。洪武元年（1368年），礼部进"皇太子冠礼（亲王冠亦如之）""品官冠礼"及"庶人冠礼"制度。而"皇帝冠礼"制度最初记载于《大明集礼》，随着《大明集礼》的编成，明代各阶层冠礼制度基本完备。

明代冠礼制度，无论在国家典礼书、官修史书，还是私人撰书中均有记载，主要有《明集礼》《诸司职掌》《皇明典礼》《大明会典》《明实录》《明史》等参考资料。除此之外，明代郭正域撰《皇明典礼志》、朱勤美撰《王国典礼》、俞汝楫编《礼部志稿》、尹字衡著《皇明史窃》，清代万斯同撰《明史》、龙文彬撰《明会要》中也有记述，经比对，其内容多与前文诸书中"冠礼"制度重复。

除史料文献中关于冠礼制度的记载，明代举行皇室冠礼的纪录也是重要资料。明代16位皇帝中有10位举行冠礼的记载。由于登基年龄不同，举行冠礼的身份也不同，其中以皇帝身份举行冠礼的只有熹宗，登基前以皇太子身份举行冠礼的有孝宗、武宗、神宗和光宗，以皇太孙身份举行冠礼的有宣宗，以亲王身份举行冠礼的有代宗（景帝）、宪宗、穆宗和思宗。

三、各阶层冠礼的行礼特征及冠礼服

明代皇室冠礼主要包括皇帝冠礼、皇太子冠礼、皇太孙冠礼、皇子和亲王冠礼。根据身份等级的不同，具体仪节各有损益，但程式大致为冠礼前准备（包括筮日、制冠服、撰祝文祝词、备仪注、命宾赞、奏告礼等），冠礼的正礼（包括临轩遣官、陈器服、加冠、醴醮、进字、敕戒、会宾赞等）及正礼后诸仪（朝谒、谒庙、百僚称贺、会群臣等）三部分。冠礼服饰，最主要指将冠者的"初出服"和加冠过程中所用冠服，根据皇室冠礼制度，及诸皇室成员举行冠礼的事例，可分析明代皇室各阶层冠礼仪节及所用冠服的发展演变。

明代皇帝冠礼，又称"天子加元服"仪，明初皇帝加冠次数为"单加"。《周礼·公冠》曰："公四加，天子亦四加。"《五礼精义》曰："天子五加衮冕。汉天子四加。至魏以天子至尊，礼无逾理，惟一加裹冕。唐开元礼因之，子加元服亦一加，不著皇帝加元服之仪。今拟国切皇帝加元服一加，用衮冕，于唐同。"❶皇帝"初出服"为空顶帽、双童髻、双玉导、绛纱袍，"单加"冠服为衮冕服（图1）。行礼场合为奉天殿。奉天殿为正殿，与华盖殿、谨身殿合称"三大殿"，为皇帝受朝贺之殿。清代改名为太和殿、中和殿与保和殿。

皇太子冠礼仪节及冠礼服的演变大致可分为三个阶段。第一阶段为开国之初的初创期，仪节方面最大的特征是皇太子冠礼由皇帝亲自主持，在奉天殿举行，皇帝着通天冠、绛纱袍观看仪式。冠礼以"三加"礼的形式举行，初加服是折上巾、绛纱袍，再加服是十八梁远游冠、绛纱袍，三加服是九旒冕、九章衮服。第二阶段为发展期，皇帝不再亲自主持皇太子冠礼，而是在奉天殿行"遣官"礼，举行冠礼的

---

❶ 徐一夔，等. 大明集礼 [M]. 北京：国家图书馆出版社，2009.

冕（左）、玄衣（中）、纁裳（右）

图1 《明宫冠服仪仗图》绘洪武年间"乘舆冠服"

场合改为东宫，皇帝不观礼。冠礼服除了衮冕服、翼善冠服、皮弁冠服（图2）外，还准备了网巾和金簪。第三阶段为稳定期，时间为景泰四年（1453年）至万历二十九年（1601年）。皇帝不亲自主持，遣官持节行礼，加冠场合为文华殿，皇帝不在场。加冠次数为"三加"。这一阶段无论是仪节还是冠服都趋于稳定，基本体现了"三加弥尊"的传统思想。初加冠服为常服类翼善冠和袍服，再加冠服为朝服类皮弁和皮弁服，三加冠服为祭服类九旒冕和衮服。

皇太孙冠礼仪式与皇太子冠礼基本相同。皇帝不亲自主持，遣官行礼，行礼场合为华盖殿，加冠次数为"三加"。初加冠服为网巾和服（服的类别暂无详细说明），再加冠服为翼善冠和翼善冠绛纱袍，三加冠服为九旒冕和九章衮服。

皇子、亲王冠礼仪节及冠礼服的特征可分为三个阶段进行观察。第一阶段为初创期，洪武元年（1368年）制定冠礼制度时，只在皇太子冠礼后记载"亲王冠礼亦如之"。《明集礼》中未收录仪注，三加冠按宋代，初加折上巾，再加七梁冠，三加九旒冕。第二阶段为发展期，洪武十七年（1384年）更定亲王冠礼，至此确定了亲王冠礼的具体仪节。行礼方式为传制遣官持节行礼，皇帝不亲自主持，不观礼。加冠场合为王邸，加冠次数为"三加"。初加为网巾、服，再加为翼善冠、绛纱袍，三加为九旒冕、衮服（图3）。第三阶段为稳定期，自正统二年（1437年）以后事例，与皇太子稳定期的行礼特征及冠礼服相同。

图2 《明宫冠服仪仗图》绘永乐
年间"皇太子冠服"皮弁

玄衣（左）、纁裳（右）

图3 《明宫冠服仪仗图》绘永乐年间"亲王冠服"

从组织结构鉴别传统面料与工艺

—— 胡霄睿 ——

- 江南大学设计学院副教授
- 中国纺织工程学会高级会员、中国文物学会纺织文物专业委员会会员
- 江苏省"双创计划"（双创博士）人才

一、古代织物组织结构的升级演变

1. 平纹类

在中国古代，平纹类丝织物通称"绢"，其特点是没有花纹，由经、纬线一上一下相间交织而成，广泛意义上说也包括纨、缯、缟、缣等品种，如纨，《释名》载："纨，焕也。细泽有光，焕焕然也。"❶我国古代平纹类丝织物除绢之外，还有纱、绡、縠等品种，如绡，也叫轻纱，纱薄而疏。縠，縠纱有方孔，《汉书》有"轻者为纱，绉者为縠"之句。

缂丝也是平纹类丝织物，具有"通经断纬"的织造特征。所谓"通经断纬"是与"通纬"相对而言的，"通纬"指梭织物的纬线是从一头跑到另一头，跑完全程。但是缂丝的纬线只在需要的地方出现，所以称为"断纬"，也叫"回纬"。缂丝用到的织机很简单，尽管缂丝只是最普通的平纹组织，但其图案色彩的变化却可以随心所欲，它的优点就是变化自由。如色泽鲜艳、制作精美的元代云肩残片就以缂丝的方式制得，此残片应为原袍的左肩部分，左边是卷草形的云肩轮廓，里面为满地的折枝牡丹花卉，配以叶子和花蕾，中间是一个月亮，里面有一只玉兔在桂树下捣药，紧靠月亮的右边就是元代常见的灵芝云（图1）。

2. 斜纹类

绮是一种单层显花织物，它的名称出现较早，《楚辞》中就有"纂组绮绣"之句。到了两汉时期，平纹地暗花织物即被称为绮。《说文

❶ 刘熙. 释名 [M]. 北京：中华书局，2016.

解字》有载："绮，文缯也"❶。南宋戴侗解释说："织素为文曰绮"，即绮为一组经丝和一组纬丝相互交织的本色或素色提花织物，通常在平纹地上斜纹本色起花（斜纹地起斜纹花的少见）。绮这种丝织物最早见于商代出土物中，至汉代特别盛行，与锦、绣等被同列为有花纹的高级丝织品。

绫是一种单层显花织物，是斜纹地（平纹地）上起斜纹花的织物。绫是在绮的基础上发展，故它的名称出现比绮迟，约在魏晋时期开始流行。《释名》载："绫，凌也。其文望之如冰凌之理也。"❷绫主要包括素绫和花绫两大类。

图1　元·云肩残片（中国丝绸博物馆藏）

3. 缎纹类

缎是指缎纹织物，缎纹是基础组织中出现最迟的一种。缎在古代曾写作段，也有叫纻丝的，但至今尚未发现宋代以前的缎织物实物。《唐六典》中将缎与罗、锦、绫、纱、䌷等并列。明清文献多按地名称呼，如川缎、广缎、京缎、潞缎等；有按用途分的，如袍缎、裙缎、通袖缎等；有按花纹分的，如云缎、龙缎、蟒缎等；有按组织循环分的，如五丝缎、七丝缎、八丝缎等；有按织法分的，如素缎、暗花缎、妆花缎等；还有按颜色分的，如黄缎（图2）、红缎等。

图2　民国·黄缎绣花袄（中国丝绸博物馆藏）

4. 绞经类

罗是一种极为特殊、稀有且古老的丝织物。宋代是中国历代生产罗织物最多的一个朝代，据《宋

---

❶ 许慎. 说文解字［M］. 汤可敬，译注. 北京：中华书局，2016.
❷ 刘熙. 释名［M］. 北京：中华书局，2016.

史》记载，各地上贡给皇室的"贡罗"，每年多达10万匹。如福州黄昇南宋墓中出土了200余件不同品种的罗织物，以及常州周塘桥宋墓出土多件罗质服装（图3），其罗结构有两经、三经、四经绞不起花的素罗，还有平纹和斜纹起花的各类花罗。四经绞罗是中国古代织罗技术的最高峰，这种罗织物的织造技术早已失传，成为中国丝绸技术的历史之谜。

图3　宋·棕色缠枝牡丹月桂纹罗交领袍（常州博物馆藏）

5. 绒类

绒在丝绸织物中属于比较特殊的品种。织物表面局部或全部采用起绒组织，面料呈现出绒毛和绒圈的丰厚特征。明代绒织物从滨海的漳州起家，漳绒、漳缎负有盛名，几乎成为起绒织物的代名词。其中，漳绒是素绒或素剪绒，《天工开物》中称为倭绒；漳缎为缎地表面的提花绒（图4）。制作漳缎使用的提花绒织机，是中国古代花楼机中机械功能最为完善、机构最为合理、技术工艺最为成熟的一种，并一直传承至今。

6. 锦类

锦在中国古代是指以彩色丝线，用平纹、斜纹或缎纹的多重或多层组织，织成的各种花纹的丝织物的统称。锦需要的花色很多，所以织造的时候会有一组颜色被提上来显花，其他几组被盖在下面，所以锦一般会显得非常厚重。我国著名的四大名锦，其中蜀锦、云锦并不是特定的锦的种类，而是根据产地划分的；而宋锦应该叫作宋式锦，一般指宋代织锦与其后各时期尤其是明清流行的宋代风格织锦；壮锦则是壮族人民创造出的极具民族特色的织锦。

图4　清·漳缎传世品（美国纽约大都会艺术博物馆藏）

二、传统织花工艺与织机的协同发展

1. 踏板织机

斜织机采用脚踏板（蹑）进行提综开口这一工序，是踏板织机中成形最早也是机械构造较为简单的一类织机。斜织机主要用来织造平纹类素织物，其整经后形成的平面与水平机座之间的夹角为50°～60°，经轴与卷轴能将经纱绷紧使经纱张力要比原始腰机均匀得多，能获得平整丰满的布面。同时，织工应该可以坐着操作，并且能清楚地看到开口后经面是否平整、经纱有无断头等问题，非常省力。汉代斜织机的制作及具体使用方式现已失传，此前中国丝绸博物馆复原的踏板斜织机（图5）是在大量汉代纺织画像石中的图像，以及由法国纺织史学者里布夫人曾收藏的一台汉代陶釉微型斜织机模型等资料的基础上制作而成的。

2. 提花织机

花楼机是我国古代织造技术最高成就的代表。它用线制花本贮存提花程序，再用衢线牵引经丝开口。花本是提花机上贮存纹样信息的一套程序，它由代表经线的脚子线和代表纬线的耳子线根据纹样要求编织而成。花楼机（束综提花机）经过两晋南北朝至隋、唐、宋几代的改进提高，已逐渐完整和定型。到了明代，提花机已极其完善。在明代出土或传世的提花丝织品文物中，一些织物的图案单元的经向长度可达30～40厘米（图6），假设纬密为30根/厘米，那么一个图案循环的纬线有900～1200根，相应地就需要相同数目的耳子线。小花楼机不具备这种织造能力，所以需要配备可以控制更大图案循环的环式花本，即大花楼织机。

图5　斜织机（中国丝绸博物馆复原）

图6　明·徐光启《农政全书》绘花楼机

考察研究一

常州博物馆考察报告

2022年10月23日，在国家艺术基金2022年度艺术人才培训资助项目"汉服创新设计人才培养"项目组的带领下，学员们前往江苏省常州市的常州博物馆进行实地考察和采风活动（图1）。

常州博物馆创建于1958年10月，是一座集历史、艺术、自然于一体的地方综合性博物馆，为国家一级博物馆、国家4A级旅游景区（图2）。目前常州博物馆拥有藏品3万余件（套），其中国家一级文物51件（国宝级文物1件）、二级文物245件、三级文物3147件。文物藏品中的良渚玉器、春秋战国原始青瓷器、宋元的漆器与瓷器、明清书画，均为馆藏特色。常州博物馆内设有全国首家，也是江苏省唯一的少儿自然博物馆，拥有各类自然标本近5000种、约10000件，已形成以皮毛类动物、海洋动物、国内外精品昆虫、地区性中草药、矿物晶体及古生物化石为特色的六大收藏系列，其中圣贤孔子鸟化石、翁戎螺、金斑喙凤蝶等一批化石和生物标本世界罕见，具有极高的科学价值。

图1　常州博物馆采风合影

图2　常州博物馆

在常州博物馆的采风活动中，穿越历史长河，领略南宋风貌。大家主要参观了"南宋芳茂——周塘桥南宋墓出土文物特展"。周塘桥南宋墓于2018年8月在江苏省常州市天宁区花园村周塘桥自然村西南100米的宁沪高速芳茂山恐龙服务区施工现场被发现。常州市文物保护管理中心组建考古队伍对墓葬进行了抢救性考古发掘，南京博物院、中国科学技术大学、荆州文物保护中心等单位的科研人员也参与了田野考古工作。经现场勘察，共发现已暴露的墓葬两座，其中一座保存较好，为长方形砖室墓，墓室上覆石盖板。该墓出土一方墓志，以及丝织品、银器、铁器、铜器、纸张等160余件（组）珍贵文物。

历经4年的文物修复与保护，周塘桥南宋墓出土文物得以与观众见面。此次展览介绍了周塘桥南宋墓的发现发掘、墓葬形制特点、墓主身份等基本情况，通过"丝织品服饰""筵席用具""妆具""文具""葬俗用具"5个单元丰富多彩的出土文物，展现了南宋常州的生活图景。展览还介绍了珍贵出土文物，尤其是丝织品衣物的科技保护情况。展览主要展出周塘桥南宋墓出土文物，并辅以其他馆藏的宋墓出土文物，共60余件（组）。其中服饰品主要有黑色缠枝牡丹纹罗交领袍（图3）、棕色缠枝牡丹月桂纹罗交领袍（图4）、深褐色纱百褶裳（图5）、褐色罗地贴绣牡丹莲花纹荷包（图6）等。

图3　宋·黑色缠枝牡丹纹罗交领袍

图4　宋·棕色缠枝牡丹月桂纹罗交领袍

图5　宋·深褐色纱百褶裳

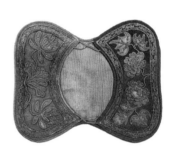

图6　宋·褐色罗地贴绣牡丹莲花纹荷包

在现场参观过程中，学员们对馆藏宋墓出土服饰品和纺织品表现出极大的关注，就所展出珍贵服饰品的形制、面料、工艺等方面展开热烈讨论，在交流中提出独到的个人见解。另外，展览还设置了多个场景和多媒体展项，让学员们更直观地感受宋式生活的气息，透过这些珍贵文物一探周塘桥南宋墓主的生活，领略南宋士人的风雅，一同遥想南宋毗陵的芳华正茂，对大家在日后设计实践中更精准地把握和理解宋制汉服的款式及韵味有所助益。

武进博物馆考察报告

2022年10月23日，在国家艺术基金2022年度艺术人才培训资助项目"汉服创新设计人才培养"项目组的带领下，学员们前往江苏省常州市的武进博物馆进行实地考察和采风活动（图1）。

武进博物馆坐落于江苏省常州市武进区武宜路西侧国家5A级春秋淹城旅游区内，是展示武进历史文化和江南古代文明的艺术殿堂（图2）。武进博物馆为二层仿汉代建筑，外形古朴典雅、雄伟庄重。设有"史河流韵""春秋淹城"两个基本展厅和两个临展厅。馆内现有藏品3293件，其中珍贵文物593件。展厅展出了几十万年前的古菱齿象牙化石，新石器时代的玉器和石器，商周至明清的玉器、陶器、瓷器、青铜器、铁器和金银饰品等。良渚文化玉器、春秋时期的原始青瓷器、明代纺织品是馆藏的特色。其中良渚文化11节人面纹玉琮、玉带钩、独木舟、原始青瓷鼎为"镇馆之宝"。

图1　武进博物馆采风合影

图2　武进博物馆

学员们主要参观了"史河流韵"陈列展览，"史河流韵"陈列是武进区博物馆的基本陈列之一，分为"史前时期"和"历史时期"两大部分。史前时期包括"更新世晚期""马家浜文化""崧泽文化""良渚文化"四个板块，展品以玉石器、陶器、骨器为主，同时采用现场复原的方式，再现史前人类生存状态和辉煌文明。历史时期分为"先秦遗音""汉唐遗风""宋元遗韵""明清遗珍"四个展区，展品涵盖陶瓷器、玉石器、金银器、漆木器、青铜器、纺织品等多种类别，对武进地区历史进行全方位、多角度的展示，勾勒出武进在沧桑巨变中的辉煌历程。其中，数件保存完整、品相极佳的明代服饰及纺织品为学员进行学术研究提供了宝贵的实物资料，对进行明制汉服的创新再设计也具有极高的参考价值。

服饰上如明四合如意云花缎织金狮子补服（图3），1997年出土于横山桥明代王洛家族墓。其面料为米黄色四合云提花软缎，形制为交领、右衽、宽袖。领缘为素绢，右腋下缀有一副扎带，两侧开有衩口。前胸和后背各有一幅狮子补子，狮子右向侧身蹲立，回首瞩目前视，颈两侧附有向上升腾的火带，脚趾呈出爪状，尾上扬。补子下段及狮首前和尾部，配有海水、江崖、山峰、万卷书、山花和犀角等图案，补子上段为祥云图案。补子图案用片分别织在两幅面料接缝处，成衣时将两幅相拼合缝制。明如意云折枝花绫单衫（图4），出土于1997年横山桥明代王洛家族墓。明漆纱珠翠庆云冠（图5），1997年横山桥明代王洛家族墓出土。发冠以覆黑色绉纱的银丝编织网罩为框架；冠前簪佛像金挑心，佛像两侧各立有一童子，下部为莲花形底座；冠后有弯弧月牙形云龙纹金饰件为分心；冠顶中部有一金顶簪，由10朵金花合抱环围为托座，以18片葵瓣嵌作的花蕊中间镶嵌有一块绿松石。该冠饰集金、银、漆、镶嵌工艺于一体，富丽堂皇。明代双蝶恋花金梳背（图6），金质，器呈弧形，上面浅浮雕刻有缠枝的5朵花，分别为梅花、莲花、木棉花、宝相花及菊花。在5朵花的两端有两只展翅欲飞的小蜜蜂，似乎流连于百花丛中，小小的木梳金框上呈现出了一派春意盎然的景象。此器构思巧妙，制作精细。金梳背是古代贵族妇女所用木梳背上的镶嵌物。

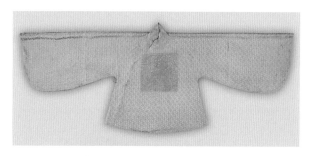

图3　明·四合如意云花缎织金狮子补服

图4　明·如意云折枝花绫单衫

图5　明·漆纱珠翠庆云冠

图6　明·双蝶恋花金梳背

　　学员们在武进博物馆采风活动中获益良多。走进博物馆、近距离观察精美的服饰文物也让大家感受到，作为新时代的艺术创作者要深挖中华民族的文化美学，在获取理论知识、提高思想境界的过程中还要注重理论与实践的结合，不断提升自身设计和创造的能力，实现新时代背景下"传统中华文化"与"现代创新技术"的完美融合。

苏州博物馆考察报告

2022年11月2日，在国家艺术基金2022年度艺术人才培训资助项目"汉服创新设计人才培养"项目组的带领下，学员们前往江苏省苏州市的苏州博物馆进行实地考察和采风活动（图1）。

苏州博物馆位于苏州市姑苏区东北街204号，馆址为太平天国忠王府。2006年由贝聿铭设计建成并正式对外开放，是集收藏、展示、研究、传播苏州的历史、文化、艺术于一体的地方性、综合性博物馆（图2）。中央大厅东侧连接紫藤园、现代艺术厅及忠王府，西侧连接4个常设展厅。馆藏藏品总数24729件（套），珍贵文物9647件（套），其中一级品222件（套），二级品829件（套），三级品8596件（套），以历年考古出土文物、明清书画和工艺品见长。

图 1　苏州博物馆采风合影

图 2　苏州博物馆

品江南文化，赏博物风雅。上午，在苏州博物馆的采风活动中，学员们主要参观了博物馆内设的吴地遗珍、吴塔国宝、吴中风雅、吴门书画四个系列的基本展厅，以及适逢马王堆汉墓发掘五十周年特设的"回眸五十年——马王堆汉墓出土文物精品展"临时展厅等。展厅藏品上起远古时代，下至明清及近现代，均为历代佳作和精品。

苏州博物馆内的吴地遗珍、吴塔国宝、吴中风雅、吴门书画四个系列基本展厅分别展有不同的藏品。其中吴地遗珍由四个展厅组成。展厅内的系列文物包括史前陶器、玉器，春秋青铜器、玉器，六朝青瓷，五代秘色瓷（图3），以及元代张士诚母曹氏墓随葬品（图4）和明代王锡爵墓随葬品等主题展室。吴塔国宝由两个展厅组成，突出展示了苏州两座标志性佛塔虎丘云岩寺塔和盘门瑞光寺塔内发现的国宝级佛教文物，分"宝藏虎丘——虎丘云岩寺塔佛教文物"和"塔放瑞光——瑞光寺塔佛教文物"南北两个展室，仿八角形砖塔的展室格局和主次分明的布局形式直观再现了文物的原貌。吴中风雅由九个展厅组成，厅内系列文物包括明书斋陈设、瓷器、玉器、竹木牙角器、文具、赏玩杂件、民俗物品、织绣服饰等主题展室。吴门书画以馆藏书画精品展示为主导，以吴派及吴派源流诸子、四王吴恽及其源流

图 3　五代·秘色瓷莲花碗

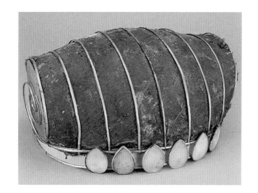

图 4　元·女金冠

图 5　西汉·"轪侯家"云纹漆匜

图 6　西汉·黄褐色对鸟菱纹绮地"乘云绣"

诸子、扬州画派诸子等作品为主，遴选其中部分典藏，列以卷、轴、册等装潢形式，于吴门书画厅分期分批予以展示。学员们可以从不同的展厅领略历史中吴地的千姿百态、玲珑剔透、蕴涵深邃、元气淋漓。

"回眸五十年——马王堆汉墓出土文物精品展"临时展厅内陈列出湖南长沙马王堆先后发掘的三座西汉墓中出土的珍贵文物，墓中出土了3000多件珍贵文物，囊括了漆器、木器、丝绸、简牍、帛画等诸多种类，千年不腐的女尸辛追，更是举世罕见。马王堆汉墓不仅再现了轪侯家荣华富贵的生活景象，更诠释了墓主人对多彩生命的想象和永生的追求。2022年，适逢马王堆汉墓发掘50周年。苏州博物馆甄选文物精品160余件，包含漆器（图5）、木器、彩绘陶器、帛画、帛书、简牍、丝织品（图6）、牙角器、人俑、动植物标本等各个类别，着力重现雄浑而多彩的西汉物质、精神图景。学员们近距离地观看距今2000多年的汉室珍品，惊叹不已。

除此之外，苏州博物馆的建筑造型也极具特色，既保留了江南园林的特点，又以极简的几何线条描绘出山水画卷，白墙黑瓦与香竹绿水营造出雅洁清新的美学氛围。而这种新的设计思路是将传统的精髓不断挖掘提炼并形成未来创新发展的方向，"汉服创新设计"同样也是如此。学员们在认真品味此次考察采风后，从这些珍贵的藏品中不仅感悟到苏州的人文情怀，也汲取到丰厚的历史文化内容，丰富自身的知识宝库和灵感之泉。"读万卷书，不如行万里路"，真切的感受与品位带给人的震撼远比想象来得更加贴合。考察调研可以为参观者提供导向并让参观者感到心旷神怡，同时增进阅历和学识，考察调研的目的也就达到了。

无锡博物院考察报告

2022年11月9日，在国家艺术基金2022年度艺术人才培训资助项目"汉服创新设计人才培养"项目组的带领下，学员们前往江苏省无锡市的无锡博物院进行实地考察和采风活动（图1）。

无锡博物院（图2）成立于2007年，位于无锡城市客厅——太湖广场中央，由三座相对独立的四层楼构成，造型厚重，兼具吴地的水文化灵性，与无锡市图书馆比邻而居，是一座集陈列展示、科学研究、艺术欣赏于一体的地方综合性博物馆。现有馆藏文物近4万件，珍贵文物1487件（套），以古代书画、历代紫砂、惠山泥人、近现代革命文物和民族工商业文物为主要特色，尤以书画藏品在博物馆界较为出名。倪瓒手迹《苔痕树影图》堪称"镇馆之宝"。常设展览包括吴风锡韵、古墓奇珍（元代钱裕墓文物展）、紫玉金砂（紫砂艺术展）、泥塑雅韵（惠山泥人艺术展），无锡籍书画家及收藏家周怀民、钱松嵒、华绎之、方召麐、杨令茀、黄养辉、荣智安等人的捐赠书画作品，以及周培源、王蒂澂藏画馆、周怀民藏画馆、中国书画馆、方召麐书画陈列馆等。

图1　无锡博物院采风合影

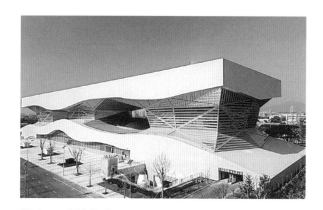

图2　无锡博物院

承南北之物华，御博物之天宝。在无锡博物院的采风活动中，学员们主要参观了馆内的古代服饰、传世书画、历代紫砂、惠山泥人、近现代革命文物和民族工商业文物等展览。参观"大元处士——吴越王后裔钱裕的故事"常设展览时，学员们观看了展览中陈设的钱裕夫妇墓随葬品，包括春水玉带扣、鎏金折枝花卉纹花瓣形银托盏（图3）、水晶珠串饰、镶琥珀银耳坠、猴形玛瑙饰件、鱼形青玉饰件、丝绸服饰、漆器、纸币、铜镜等。其中展览的丝绸服饰有7件，分别是2条夹裙、2条开裆裤、2件夹袍、1件短褂。棕色素罗夹袍居于正中展览，两侧服饰属平铺在展柜中的棕褐色缠枝牡丹纹缎镶妆花罗边饰女夹裙（图4）最有看点。此裙使用了棕褐色暗花缎面料，表面光滑亮丽，质地柔软细腻。正中有一处合抱褶，两旁各分布一处工字褶。合抱褶左右和下摆处都镶有妆花罗边饰，工艺技法高超，纹样精致。钱裕墓中出土的丰富文物共154件套，它们不仅本身就是绝美的艺术品，同时也十分具体而生动地折射

图3 元·鎏金折枝花卉纹花瓣形银托盏

图4 元·棕褐色缠枝牡丹纹缎镶妆花罗边饰女夹裙

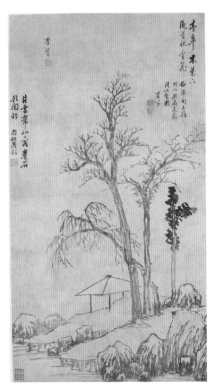

图5 明·李流芳《亭皋木叶图轴》

出当时"豪门富户"的生活状况。学员们得以透过这些文物，感受元代的社会审美风尚，窥探元代的经济制度和手工艺发展水平。

"云山柳岸——书画中的江南风物特展"是无锡博物院在2022年9月14日～11月19日开设的临时特展，从无锡博物院院藏中国历代书画入手，以近60件套书画作品，彰显江南文化底蕴，呈现江南文脉传承。此次临时特展共分为三个部分，第一部分是烟雨楼台，展览了元代画家崔彦辅的《虎阜晴岚图卷》、明代画家唐寅的《秋林独步图轴》、明代画家董其昌的《岩居图卷》等绘画作品；第二部分是江湖休趣，展览了明代画家李流芳的《亭皋木叶图轴》（图5）、清代画家华喦的《山水图册》等绘画作品；第三部分是春花秋月，展览了清代画家恽寿平的《仙圃丛华图轴》、清代画家华冠的《行乐图卷》等绘画作品。在展览中，学员们能于书画中得见江南景观、江南风物、江南流派，欣赏江南艺术，品味江南文化。

此外学员们还参观了"来试人间第二泉——惠山茶会人文主题特展"。此次特展以"惠山茶会"为主题（图6），分"山中有盛名、名山聚名士、归山煮新茶、新茶引风尚"四个单元展览，讲述了从唐至今无锡的千年茶文化发展历史，重点描述惠山茶会这一重要的文化事件，以及它对宫廷茶事、文人茶事乃至世界茶文化的影响。

学员们在认真品味此次考察采风后，联系当下，感触颇深。从这些珍贵的藏品中了解中国古代的社会风貌和风土人情，通过参观不同主题的展览，汲取各个领域的知识与文化，开拓设计思维和创作思路。中国传统工艺的传承与发展需要新一代的人进行更加深入的研究和创新运用。

图6 大亨制紫砂仿古壶

第二章

"非遗"传承与民族工艺

从母亲的艺术到时尚的艺术

—— 李超德 ——

● 苏州大学艺术学院原院长、教授、博士研究生导师

● 中国服装设计师协会副主席、苏州大学博物馆馆长

● 国家社科基金（艺术学）重大招标项目"设计美学研究"首席专家

一、刺绣是母亲的艺术

张道一先生曾言：刺绣是母亲的艺术，所谓"妇功"主要指的是"女红"，而"女红"主要指的是刺绣。女红亦作"女工""女功"，或称"女事"，多指女子所做的针线活方面的工作。举凡妇女以手工制作出的传统技艺，像是纺织、编织、缝纫、刺绣、拼布、贴布绣、剪花、浆染等，就称为"女红"。中国女红是讲究天时、地利、材美与巧手的一项民间艺术，而这项女红技巧从过去到现在都是由母女、婆媳世代传袭而来，从少女时代就倾注了爱，因此被称为"母亲的艺术"。在流传至今的古代刺绣服饰品中仍能看到传统刺绣精巧的技艺、明艳的色彩、考究的纹样题材和对生活倾注的美满愿景（图1）。

苏绣、粤绣、蜀绣、湘绣被称为四大名绣。其中，苏绣素以绣工精细、针法活泼、图案秀丽、色彩雅洁的艺术风格见长（图2）；蜀绣针法严谨、针脚平齐、片线光明、色彩明快，具有浓厚的地方色彩；粤绣以色彩富丽堂皇著称；湘绣是一种极富民族风格的刺绣工艺，图案生动逼真。四大名绣各具特色，相得益彰，是中华传统工艺的瑰宝。

图1 "中国妇女近代服饰展"云肩（苏州大学博物馆藏）

图2 苏绣传承人姚惠芬作品《泼彩荷花》

二、刺绣在当下遭遇的困境

刺绣在当下的困境，实则是许多传统工艺美术发展的困境。以此为样本，讨论的问题实则是中国设计与工艺美术发展的共性问题。刺绣作为生活化的艺术，20世纪以来，特别是近半个世纪，逐渐淡出我们的生活，成为比较单纯的艺术化的呈现。原因有三：其一，刺绣艺术不断地博物馆化、奢侈品化、旅游纪念品化；同时，刺绣艺术品向着地摊化发展。其二，苏、蜀、湘、粤四大名绣出现风格类同化，地域特色不明显，甚至全国各地"非遗"创新设计评选也出现同质化现象。其三，时代的变化，女性地位提升，接触到更多新事物，从事刺绣的人数减少。

曾任文化和旅游部副部长的项兆伦，曾就"非遗"保护工作征求意见时强调：当前和今后一个时期"非遗"工作的指导思想是，巩固抢救保护成果，提高保护传承水平。树立让"非遗"走进现代生活的理念，以及传统手工艺要见人、见物、见生活的生态保护理念，从而将振兴传统工艺上升为国家战略。这对于振兴刺绣艺术发展是利好的政策导向。在偏远的村落里，人们依旧保持着传统的自给自足生产方式，只有几件老土布的旧衣服，反复穿着，破旧缝补。他们翻出祖辈传下来的民族盛装，如数家珍般讲述着每一件衣服的故事。在这个现代社会中完全无用的作品面前，这样的手作服饰反而能呈现出人性中最本质的东西。正是受到这样的启发，两位85后女性设计师陈阿妮、姚赟致力于传统手工艺的保护传承和创新，在帮助贫困地区手艺人通过自己劳动摆脱贫困的同时，也与他们展开深度合作，推动手作衣物回归日常，也让注重生活品质的中高端人群重新感受衣服的美好。

三、刺绣在未来的发展机遇与前景

在2016年意大利米兰的"国际青年明日之星沙龙展"上，范炜焱设计的缂丝家具、缂丝灯具、缂毛披肩正式亮相意大利米兰，获得高度关注（图3、图4）。我们可以从各个角度解读传统工艺文化的意

图3　缂丝家具与缂毛披肩（范炜焱设计作品）

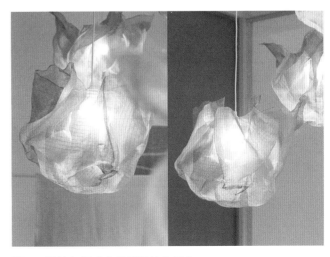

图4　缂丝灯具（范炜焱设计作品）

义，不仅仅物质生产领域需要"工匠精神"，精神产品生产领域也同样需要"工匠精神"。在推动手工艺与民间艺术发展的同时，倡导一种新苏作的设计与制作，推出原产地苏作的标识，进行新苏作的认证和准入，面向我们苏州的设计未来，推动当下工艺美术的研究、继承、发展，以及设计的活动。

图5 中国梦：花好月圆——当代中国风格时尚设计大展

2015年，"中国梦：花好月圆——当代中国风格时尚设计大展"（图5）和"中国：镜花水月"展览（图6）分别在上海纺织服饰博物馆和美国纽约大都会艺术博物馆的中国艺术展区、安娜·温图尔时装中心进行了展出。从"花好月圆"到"镜花水月"不是偶然的，这里面既有机遇也有挑战。我们看到的是西方文化对"东风西鉴"的接受，而且有着双重性的表现性。一方面表现了西方时尚潮流对中国文化的一种接纳；另一方面笔者认为也是对西方流行文化长期统治的一种批判，

图6 "中国：镜花水月"展览

更是中国设计话语权的一种体现。如今，"中国风格"对世界的影响越来越大，这也是经济新常态下，消费大众期盼具有时代精神的中国风格的时尚创新，以及这种风格能够在世界范围的流行中赢得彰显民族尊严的话语权的表现。

好设计不留痕迹。从"创造性转化"方向探究一条保护、研究，并继承、传承、发扬、活化、设计，进而与市场、价值、生活、经济融合的发展之路。另外，从"创新性发展"方向探究一条不照搬复古，而是创新性地活化中国几千年精粹文化，以艺术引领设计，设计引领生活的创新发展之路。在今天，如何以中国的设计语言讲好中国故事，把握话语权，让中国创意设计得以全球推广，让精湛的古老技法得以活化流传，让传承变为一种经典，让生活随处体现匠心品质，让大众享受中国智造。首先要立足当下探讨未来中西文化融合与发展的现实问题。讨论"非遗"不仅仅是保护，而是要让"非遗"留在我们的生活中。所以"讲好中国故事，传播中国文化"任重而道远，从文化创意、设计作品到大众商品的价值转化，提升大众的生活品质，融入世界发展的格局，需要我们共同关注和多方努力！

"非遗"视角下的民族工艺与民族服饰

—— 贾京生 ——

- 清华大学美术学院教授、博士研究生导师
- 全国艺术科学规划项目专家库专家、北京市社科基金重点项目首席专家
- 教育部学位与研究生教育发展中心博士论文评审专家

一、"物遗"与"非遗"的概念

物质文化遗产又称"有形文化遗产",即传统意义上的"文化遗产"简称"物遗"。根据《保护世界文化和自然遗产公约》描述,物质文化遗产包括历史文物、历史建筑和人类文化遗址,如敦煌莫高窟、周口店北京人遗址、长城、秦始皇陵兵马俑(图1)、故宫等都属于物质文化遗产。

非物质文化遗产又称"无形文化遗产",简称"非遗"。《保护世界文化和自然遗产公约》中记载"非遗"是指那些被各地人民群众或某些个人,视为其文化财富重要组成部分的各种社会活动、讲述艺术、表演艺术、生产生活经验、各种手工技艺,以及在讲述、表演、实施这些技艺与技能过程中所使用的各种工具、实物、制成品及相关场所。根据《中华人民共和国非物质文化遗产法》规定,"非遗"包括传统口头文学以及其载体的语言,传统美术、书法、音乐、舞蹈、戏剧、曲艺和杂技,传统技艺、医药和历法,传统礼仪、节庆等民俗,传统体育和游艺,其他非物质文化遗产六大类。同时,"非遗"还必须满足:历史上流传至今的时间限定,以活态形式传承至今的传承形态限定,技艺精湛典型、巧夺天工的品质限定。在西南地区部分少数民族中,仍通过口传身授的方式进行文化传承。一方面,是由于一些少数民族没有文字,会通过语言描述将民族的历史文化以技艺的形式记录在服装图案上进行传承,如贵州织金地区歪梳苗蜡染技艺(图2)。传统技艺和服饰是西南少数民族人群生活中最重要的一部分,也是非物质文化的重要组成部分。另一方面,他们也以传唱古歌、神话传说、节庆俗仪等仪式活动传承文化。

"非遗"与"物遗"之间是一种"因果"关系,"非遗"是因、本、源,"物遗"是果、末、流。没有"非遗"之因,就没有"物遗"之果。简言之,物质文化遗产是由非物质文化遗产创造的,即工艺

图1　秦始皇陵兵马俑

图2　贵州织金地区歪梳苗蜡染

图3　杨秀芝"百鸟衣"绣制作品

图4　施洞苗族破线绣盛装衣

技艺之果；没有非物质文化遗产，也就不存在物质文化遗产。

二、"非遗"中的造物精神

"非遗"在传承守正、活化创新、产品开发中的应用，需要秉持对造物精神的不懈追求。"非遗"中的造物精神主要体现在执着一生、追求极致、敬物惜物和文化传承四个方面。

执着一生是指执着的工匠精神，个人一生一世地传承、家族世世代代地坚守、族群生生不息地生活，在由个人到族群中坚持"只做一件事"。牯藏节是黔东南、桂西北地区的苗族、侗族最隆重的祭祖仪式，牯藏节有小牯、大牯之分。小牯每年一次，大牯一般十三年举行一次。牯藏节中人们穿着的大花衣，需要经过织布、染色、手工绣花等工序，需要十二个月将其制作完成。从这些盛装的工艺程度和时间长度中均能体现出少数民族手工制作者执着的工匠精神。

追求极致是指专心致志、不浮不躁的敬业态度，在工艺上追求极致精细、在艺术上追求极致精美，在生活上追求极致经典。贵州省榕江县乌吉苗寨"非遗"传习所的杨秀芝绣娘刺绣一件百鸟衣需要花费两年时间（图3）；一些苗族人制作一套完整的破线绣盛装衣甚至需要四五年之久（图4）。

敬物惜物是指对待外物的一种美德，敬畏大自然的原材料，敬畏祖传的工具、工艺制作、图案造型和服饰使用；一些少数民族织造土布的幅宽都很窄，当地人珍惜织造土布的宽幅，通过拼合和合理剪裁制作服装，这样就避免了浪费剪裁多余的材料。这种敬物惜物的造物思想，节约自然资源的理念，是祖先留给我们最宝贵的财富。

文化传承是指坚守族群、敬畏祖先和遵从祖制。在衣、食、住、行、用的各个方面都坚持自己族群历史、支系族谱、家族血缘的传承，穿自己的衣、吃自己的饭、住自己的屋、用自己的车、走自己的路，体现自己的价值观。其中，服装具有极强的识别性，是人与社会明伦理的传承。对外，西南少数民族服饰体现着族群身份、男女性别、老少年龄和婚姻状态；对内，西南少数民族服饰体现着长幼有序、尊祖重礼、血缘情感的理念。

三、"非遗"的传承与创新

"非遗"的创新"活化"，其实是"物遗"元素的创新"活化"。因此，对于少数民族"非遗"的传承与创新，必须分门别类、有所侧重。传承人的首要任务是传承好"非遗"和"物遗"，这就是最大的创造、最好的创新、最功德无量的事业，也是他们最擅长的工作。而创新"非遗""物遗"的任务应由艺术家、设计家、企业家来做，让他们用"物遗"的精美元素来开发市场、创造产品——这也是他们最有优势之处。

图5　2017年劳伦斯·许"山里江南"大秀作品

我们不能让少数民族传承人既要传承好、保留下优秀的传统工艺——刺绣工艺、蜡染工艺、织锦工艺，又要传承人来创新其工艺、创造其用品，还要传承人来开拓市场、创造品牌、活化"非遗"，这是不现实的。他们传承好"非遗"，就巩固保留了民族文化命脉、根性及文化多样性的基础。因此，国家相关部门应该投入一定资金来保证传承人的生活所需，使他们所做的工作与成果，真正转化为适合现代生活的"物遗"中的用品。在这一过程中，传承人和设计师可以联手，各负其责，共生互惠、双方共赢。比如劳伦斯·许以贵州安顺的苗绣元素创新服饰，在巴黎服装高定周与中国国际时装周上大放异彩（图5）；法国爱马仕则以贵州苗族蜡染百褶裙为灵感，创新设计出具有国际时尚品位的高档丝巾（图6），这些都是少数民族文化创新的成功案例。传承人重点在传承上下足功夫，设计师需要在创新上有所建树。传承下来的民族文化与精湛工艺，可以让艺术家、设计家汲取到源源不断的灵感源泉；艺术家、设计家创新的产品、用品在市场上的所得收益，又可以反馈给传承者，不仅能使之脱贫致富，还能使之无后顾之忧地传承民族文化与精湛工艺。

图6　爱马仕"苗族图案百褶裙"丝巾

中国手工刺绣的历史脉络

—— 李宏复 ——

- 中国艺术研究院研究员、硕士研究生导师
- 中国艺术人类学学会常务理事兼刺绣艺术专业委员会主任
- 中国人类学民族学学会民族服饰专业委员会常委理事、中国美术家协会会员

中国刺绣历史悠久，源远流长。凡有人群聚居的地方，便有刺绣的技艺。从游牧民族的马鞍皮袍到江南水乡的花兜、绣帕；从渔村瓦舍中的被枕、服饰到毡房帐外的斗篷、腰带，几千年来逐渐形成了浓郁的地域特色，使中华民族的刺绣呈现出姹紫嫣红、百花争艳的态势。

一、刺绣的渊源与雏形

历史上，中华民族的先祖最早使用针线连缀衣物，因而使刺绣的产生成为可能。刺绣的产生客观地说，是自然选择的结果。生活在原始社会的先民为了御寒，必然选择兽皮为原料制作衣物，要对兽皮进行裁制，制作时把兽筋纫进骨针用锁边针法把兽皮连缀成衣。当用骨针缝制衣物时，刺绣工艺也就孕育其中了，因为就其实质来说，刺绣工艺乃是使用针的技艺。这种古人类无意识地使用骨针产生的纫迹，即为刺绣的雏形。人类发明了"针"，"针"赋予了人类广阔的物质文化空间。古人用骨针、兽筋实现"而衣皮笔"，无意识地产生了线的纫迹——刺绣。

二、刺绣的历史脉络与发展演变

夏、商、周时期是丝绸生产的一个初步发展时期，尤其是丝织技术有了突出的进步，已经能用多种的织纹和彩丝织成十分精美的丝织品，丝绸具有轻盈、舒适、光亮等特性。至春秋战国时期，桑蚕生产获得普遍发展，特别是刺绣和织锦工艺技术取得新的重大突破。这一时期的考古发现在今湖南、湖北、河南等省的战国时期楚墓先后出土了许多织绣文物（图1），其技艺之高超，艺术之精湛，令人赞叹。

秦汉时期，无论是政治、经济，还是文化等方面，都可谓是我国历史上的第一个繁荣阶段，在丝织业方面也是如此。在继承战国传统的基础上，秦汉纺织技术较前代更为发达，各种纺织品的质量和数量都有很大提高。我国丝绸纹样进入重要发展与变化时期是在魏晋南北朝，这一时期出现了西北少数民族进入中原、中原人民迁向江南的民族大迁移；由儒家的道德理念移到老庄思想的清淡与佛教的超人思想所带来的思想大变迁，以及中外经济文化的广泛交流，对于丝绸纹样产生了巨大影响，体现出多元融合的时代特征。

隋唐的织绣业发展经过前代的洗礼，呈现出空前繁荣的状况。在中国与中亚、西亚远至欧洲等地区经济、文化频繁交流过程中，织绣品起了很重要的媒介作用。在本土文化、诸多少数民族文化、西方文化的多元冲击下，隋唐织绣呈现出前所未有的新兴技术和中西合璧的艺术风采（图2）。艺术形式及纹样图案风格是社会的间接而曲折的反映。宋代织绣纹样的造型，深受时代审美思想的影响，与写实化的形式相协调，突出以清淡自然、典雅庄重的时代风格（图3）。唐代的艳丽、豪华、丰满等造型已不再流行。整个社会强调平淡的天然之美，人们寄情于世外自然风景、山水花鸟的隐逸生活，更重视个体内在心灵的自由。

辽、金、元时期，北方少数民族入主中原，统治者受中原文化的影响，对丝织品表现出异乎寻常的偏爱和需求，促使了丝织业的快速发展。同时，草原丝绸之路处于繁盛状态，西方诸如波斯、粟特、罗马的丝织文化传入草原地区，直接影响了这一时期的织绣文化。

图1　战国·荆州马山1号墓红棕绢刺绣凤鸟花纹镜衣

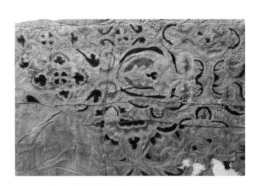

图2　唐·黄地宝花草叶纹刺绣靴面

图3　宋·画绣《瑶台跨鹤图》

明代织绣艺术在继承宋、元的基础上又有新的发展。宫廷在北京、南京分设两处织染局，明中叶后，社会产品商品化程度明显增大，其中的织绣行业最为明显，促使了织绣世俗化的发展。民间顾绣江苏露香园顾家发扬宋元绣画技法（图4），脱离生活实用成为独立的欣赏工艺。以古今名人书画作品为底稿，运用各式材料入绣画，如蒲草、胎儿细发等。绣工善美，风格得以闻名传世。清代的织绣业仍沿着明代的方向继续发展。清早期继承明代传统，多用几何图案和大型缠枝、折枝花卉，以及传统吉祥图案,色彩以浓艳的重色为主;清中期花纹图案趋向小巧精细,受西画影响使用西洋花卉图案,用色艳丽豪华;清晚期刺绣题材大量运用吉祥图案,开光、满地、锦纹等刺绣图案组织相当流行,出现水墨绣、三蓝绣(图5)等特殊风格。

民国初年有不少传承清朝时期的刺绣艺术家,在各重要刺绣产地亦有刺绣研究所成立。新时代统治者,不再使用以刺绣为装饰的官服,民间学习及从事刺绣工艺的风气,因崇尚西风及国家战乱而逐渐式微,刺绣工艺虽然有发展,但不复见家家户户从事刺绣的盛况。刺绣生产大为减少,刺绣作品为欣赏用途或是制成面积规模较小的观光纪念品(图6)。

图4　明·顾绣《君臣图》(左)与《群仙祝寿图》(右)

刺绣作为中国传统的手工技艺,是在人类长期的生活实践中产生的,从开始时无意识地出现,到后来有意识地制作,再到以一种"美"的形态出现,它的基本功能也随着人们对装饰美的需求而逐步扩大。作为一种物质文化的载体,刺绣逐渐发展为凝聚着历代民众智慧的手工艺术品,绣品的使用者从历代的皇室、贵族官宦乃至平民百姓,无不对其喜爱。刺绣伴随着社会历史的发展,以及人们文化审美观念的变化与提高而持续传承演进,几千年一直没有中断。刺绣既具有实用性,又具有观赏性,人们的心理感受、审美情趣和礼制观念等,也都可以通过这一载体表现出来。可以说刺绣兼容了物质文化、制度文化和精神文化的三重属性,故可称为刺绣文化。中国的刺绣文化历史,是人类创造独特精致物质生活的历史,也是人类积淀深厚人文意蕴和艺术精神的历史。

图5　清·石青地平金彩绣云龙江崖纹桌帏

图6　民国·京绣三蓝锁针绣富贵牡丹荷包

汉服创新设计中戏曲服饰女红造物基因的承续思辨

—— 潘健华 ——

- 上海戏剧学院二级教授、博士研究生导师
- 上海市服饰协会副主任、中国舞台美术学会副会长、全国戏剧期刊联盟理事长
- 享受国务院政府特殊津贴专家

一、女红的艺术释义

"女红"与"女工"谐音,"红"为"工"的异体,颜师古注曰:"红亦工也。"凡妇女以手工制作出的传统技艺,如纺织、编织、缝纫、刺绣、贴布、剪花、手绘、浆染等,均称为"女红",在传统社会女红所体现的物质载体有衣、帽、鞋、云肩、肚兜、眉勒、荷包、护书、挽袖、扇袋、随身小配饰等多项品种。"女红"又称妇功,《考工记》有载:"治丝麻以成之,谓之妇功",❶ 就是指女子针线活之类的工作,被视为女子闺中之德、贤淑品行、修养学识的外化表现,是妇女"容、言、功、德"四德中的一德。它从古至今都是以一种母女、婆媳世代传袭的模式而传承,因此也称为"母亲的艺术"。当"女工"一词异体为"女红"时,它本身由于具有文化意义与艺术价值的转型而获得了重生,在闲操针线中借万物漫寄所思,托亲情、爱情、友情于丝缕之上。

二、女红的艺术特性

中国女红艺术的个性特征是鲜明而直率的,由"吉性""俗性""情性"三大特性来体现。"吉性"是指女红艺术在造物动机上,无不渗入吉祥观的内涵,采用象征隐喻等多种手段来表现图腾寄寓的"福、禄、寿、喜、财"五大主题(图1);"俗性"是指女红艺术以稚拙古朴、礼俗混同的丰富多彩手法,以求俗中见雅,谋求大众的认同(图2);"情性"是指中国女红在独有的表现平台上多元地表达了敬

❶ 李亚明.考工记名物图解[M].北京:中国广播影视出版社,2019:34.

图1 "事事如意"狮云肩(局部)

图2 绣画挂件

图3 "三元及第"肚兜

拜、情爱等情感内容,传颂女性情思、情绪、情境、情爱等诸多意欲,发挥着以物抒情、以物写情、以物寄情的教化作用(图3)。

中国女红在艺术本质上是真情与理趣的完美结合物。真情,指女性在女红创造中始终怀有真挚而不虚假的情感,真挚使她们所要表达的情感找到清晰而与物象匹配的可能。女红的真情也就是女性心灵的至善,求真就是求善。女红十分强调人品、人格、品行的修养,例如,"品""德""节""通"的女红品格规定性,就是女红追求至真至善的真情准则。理趣,指女性在女红造物的真情基础上还具有情趣与意味追求,而不是大道理说教,力求造物含情韵之趣,在生机巧趣中传达真情。例如,女红中的图腾借梅花来体现"半点不烦春刻画,一分犹仗雪精神",将报春使者的凌霜斗雪、幽淡雅丽来观照冰清玉洁、高情逸韵的女性真情;再如,女红暖耳上绣"春入鸟能言,风来花自舞"的字符,极其巧妙地将暖耳的功能、文学的神趣、寄寓的真情融会至理趣的境界,赋女红以情理。正因真与趣的结合、情与理的统一,使女红艺术以独特的面貌傲视于世。

三、女红的语言法则

中国女红的语言特征是感性的、表象的、情感化而具有意味的,这一个特征既是艺术本质构成的一个方面,又是女性心灵情感与手下针线活所特定的。女红艺术语言虽然与人类其他自然语言有着同样的达情表意目的及功能,但两者所采取的方式与途径却不相同,女红艺术语言是形象化、表象化、物质化、技能性地观照情感而使之带有象征性意味。例如,一个女红作品表达的"多子多福",一般不会用客观世界的实际存在物象(如用无数个儿童形象)来表达,而是用石榴纹样("多籽"寓意"多子")表述物象存在的象征意义,并借助材料、针线的面积、色彩、线条、工艺来实现描绘、叙述、寄情的最终目的。再如,女子表达对异性的爱不是用情书,而是用荷包或香袋。

1. 结构布要

女红造物的结构布要就是女红造物中与其功能、用途、对象各因素之间的内在关联与样式及形态。女红造物结构是目的性、功能性、配置性三者统一的结果,不同的目的、功能与配置以不同的结构布局来体现。就如荷包的结构布局,先定它的规式,四方形还是葫芦形;再视它的功能定几层兜袋,一层还是二层;最后从它的配置确定包扣是用红穗装饰还是用金属扣饰。这种从目的到功能、从功能到配置的由里及外、由局部到整体的结构布局,就是女红造物的结构布要。再如,"挽袖"需左右对称并与服饰协调,"云肩"需由肩头至四周环绕(图4),"护书"需合乎文书的放置等。

图4 云肩

2. 图腾构势

女红的纹饰在摹写物象时极其注重形与神、形与意的对应观照,追求外在形似与内在神化的对应,两者之间妙于神会。《礼记·乐记》载:"仁中区以玄览,颐情志于典坟,遵四时以叹逝,瞻万物而思纷",❶借助于物象并将之巧妙组织编排。《文心雕龙·物色》记:"写气图貌,既随物以宛转,属采附声,亦与心而徘徊。"❷在纹饰运用的形、神表现上,既注重"写气图貌"的自然物象外在美的描摹,又强调物象寓意寄托及意蕴表达,使纹样物我浑融而"超以象外,得其环中"。为此,"喜鹊"与"梅花"已不是鸟兽草木,而是"瞻万物而思纷"的"喜上眉梢"的寄寓表征,给予物象以生命,注入纹样以灵魂。女红中的纹样布局与经营位置,同样有着自身的章法与理念,在独立、角隅、满地、连续的经营之间追求外在布局与结构布要的对应(图5),在写实、写意、增删、综合、幻化之间追求不同造型手法与意蕴的观照,在对称与均衡、对比与调和、节奏与旋律之间追求不同造型法则与功能配置的协调,随不同类别赋予相应的构势与手法,实现图腾造物的价值。

图5 菊花纹暖耳

---

❶ 礼记 [M]. 郑玄,注. 胡平生,等,译注. 北京: 中华书局,2017.
❷ 刘勰. 文心雕龙 [M]. 戚良德,辑校. 上海: 上海古籍出版社,2015.

3. 色彩匠心

女红造物的色彩配置（配色）极具匠心，追求精妙及光彩的丰神意蕴，力求丰富多变的色彩能在观赏中尽显秀丽而巧夺天工。从一个桃花瓣的用色可见一斑。《雪宧绣谱》："一瓣之中，上、中、左、右、中犹分二三色，须双套针以和之，叶茎嫩者深红色，中者深绿色，老者墨绿较深之色，焦者深赭……"一个桃花瓣的用色在瓣、茎、蒂、蕊上有八种色彩的安排，逼真而精妙。再如香囊的囊袋、吊绳、装饰件、挂穗各个局部赋以不同的色彩（图6），达到一种由多重色彩组合而体现尚俗贬雅的审美取向。

中国女红的针线艺术语言是温情的、母性的、隐忍的，同时又是呼啸而来的、疯狂的，她来自女性本能的母亲情怀，给人类生活注入不可或缺的浪漫情怀。可以说女红艺术是一种充满活力的生命整体，她渗透充实于女性生活的各个层面，她像镶嵌在女性生命土壤中无数艳丽多姿的明珠，透射着女性的生命光彩。我们重新来认知这些隽永的"母亲的艺术"，其意义在于让我们日趋物质化的心灵，回到生命那自然、本源、朴素的人性本质上来。

图6　各色仿象香袋（故宫博物院藏）

"苗韵"挑花刺绣及其转化

—— 张成义 ——

● 青岛大学纺织服装学院教授、
  博士研究生导师

● 教育部学术评审专家

● 中国摄影家协会摄影教育委员
  会委员、中国摄影家协会会员

一、苗族服饰概况与刺绣地域分布

苗族支系众多，拥有丰富的服饰种类。其中，黔东南苗族服饰不下200种。苗族服饰从总体来看，保持着中国民间的织、绣、挑、染的传统工艺技法，往往在运用一种主要的工艺手法的同时，穿插使用其他的工艺手法，或者挑中带绣，或者染中带绣，或者织绣结合，从而使这些服饰花团锦簇，流光溢彩，显示出鲜明的民族艺术特色。

刺绣作为苗族独有的传统技艺，有其自身的特长和优势。苗族挑花刺绣有着悠久的历史，除了汉族四大名绣，在我国还有京绣、鲁绣、汴绣、瓯绣、杭绣、汉绣、闽绣等地方名绣，而我国的少数民族如维吾尔族、彝族、傣族、布依族、哈萨克族、瑶族、苗族、土家族、景颇族、侗族、白族、壮族、蒙古族、藏族等也都有自己特色的民族刺绣。

二、贵州的民族刺绣特点

挑花刺绣是苗族民间传承的刺绣技艺，是苗族历史文化中特有的表现形式之一，是苗族妇女勤劳智慧的结晶，主要流传在贵州省黔东南地区苗族聚居地。苗族服饰至今仍保留着原汁原味的传统风格，精美绝伦的刺绣技艺和璀璨夺目的银饰让人赞叹不已。苗族服饰的刺绣工艺有其独特性，如双针锁绣、绉绣、辫绣、破纱绣、丝絮贴绣、锡绣等。刺绣的图案在形制和造型方面，大量运用各种变形和夸张手法，表现苗族创世神话和传说，从而形成苗绣独有的艺术风格和刺绣特色。

挑花刺绣是苗族服饰主要的装饰手段，是苗族女性文化的代表。他们创造了不同样式、风格的服饰。平日着便装，节假日或姑娘出嫁时着盛装，无论服装还是头饰，都工艺复杂，做工精细。苗族刺绣的题材选择非常丰富。苗族挑花刺绣另一特色是借助色彩的运用、图案的搭配，达到视觉上的多维空间。挑花也称数纱绣，是苗族特有的技艺，不事先取样，利用布的经纬线挑绣，反挑正取，形成各种几何纹样。挑花就是借助色彩和不规则几何纹样的搭配，形成多视角的图案，从而达到"远看成岭近成峰"的立体与平面统一的视觉效果。

苗族挑花刺绣图案色调多种多样，以花、鸟、虫、鱼为主，喜欢用粉红、翠蓝、紫等色，较为素净。黔东南地区的刺绣多以龙、鱼、蝴蝶、石榴为图案，喜欢红、蓝、粉红、紫等颜色（图1）。黔中地带喜欢用长条、长方、斜线等组成几何图案，喜欢大红、大绿、涤蓝等颜色（图2）。苗绣以五色彩线织成，图形主要是规则的若干基本几何图形组成，花草图案极少。几何图案的基本图形多为方形、菱形、螺形、十字形、之字形等。

图 1　黔东南苗绣

图 2　黔中地区服饰

艺术大师刘海粟对苗族的工艺给予很高的评价："镂云裁月，苗女巧夺天工。"这些图案还有明显的阴阳结合、创造生命的寓意，表达了苗族祖先对自然、宇宙、生命起源的理解和认识。没有文字的苗族，天才地运用了苗绣这种挑绣的绘画功能来描绘原始图腾，记述历史神话，再现风情民俗，寄寓精神向往。苗绣以前多用于礼品馈赠，而现在用苗绣装饰家庭的人越来越多了。服饰之美让我们感受到这个民族的勤劳伟大。

三、贵州苗族传统刺绣工艺

平绣是所有刺绣技法中的基础，单针单线，根据纹样将丝线从图案轮廓的一端起针，到轮廓的另一端落针，挨针挨线，针脚并列均匀顺序排列，用彩丝线将图案轮廓布满（图3）。绣面细致入微，纤毫毕现，富有质感。

堆绣又叫叠绣，是一种较为复杂、耗时费工的技法工艺（图4）。它最大的特点是：刺绣的材料不是以线为主，而是以绸布为主。制作时，首先将各色绸布放在皂角液中浸泡，晾晒干后将它们剪成边长约1厘米的正方形，将小方块对折，以压痕和一边的交痕为顶，再将两边向下折叠，成为带尾的小三角，再从图案中心开始将这些小的三角形钉在布上，一层层向外铺钉，最后形成图案。

图3 平绣

图4 堆绣

贴花绣又名布贴绣，主要是依靠彩布料形成花饰。先将绣制的纹样剪成剪纸，贴在绣布上，再将彩布略放大一些尺寸后也剪成相同的纹样图案，将彩布覆盖在剪纸上，卷边，用线沿轮廓将彩布钉在底布上，钉时往往压一条彩边或彩线，起到固定和装饰的双重作用。大多数情况下，还要在彩布上刺绣，往往通过多种工艺完成绣品。

板丝绣并不是一种很特别的刺绣技法，只是刺绣时所用的绣布材料比较特别，这种材质我们称为"板丝"，刺绣时的针法和技法大多采用平绣（图5）。"板丝"其实就是桑蚕丝。板丝质感柔和，质朴，不反光。板丝经染色后，作为底板绣布，在上进行刺绣，则称为"板丝绣"。板丝绣品，显得非常古朴、神秘，有一种岁月的沧桑感。

网绣有时也称为织绣或铺针绣，顾名思义，就是绣品最终成型后，有一种网织的效果（图6）。网绣一般是先用一种色彩的线拉直平铺绣满作为打底，再用另一种颜色的彩线从斜向或垂直向穿插施针，不同色彩形成网织的效果。

图5 板丝绣

图6 网绣

此外，套绣是以镶嵌排列的针脚将不同颜色丝线镶嵌排列形成双色套叠交叉的花饰效果；缠线绣是将彩线一分为二，分好的彩线一根做线骨，另一根在线骨上缠绕，形成一根有弹性的、硬朗的粗线，把这根粗线盘钉在绣面上形成花饰的效果。多样的针法和高超的技艺使苗族服饰上的刺绣成为一部无字的史书，记录了祖先的创世、战乱和迁徙，生动地描绘了苗族先民饱经战争风雨，跋山涉水流落他乡的历史事实。

"非遗"传承创新的当代挑战

—— 李 牧 ——

- 南京大学艺术学院副教授、博士研究生导师

- 江苏民间文艺研究院副秘书长、南京市民间文艺家协会理事

- 江苏省第六期"333高层次人才培养工程"第三层次人才

一、作为民俗传统的"非遗"与现代生活的关系

在美国，早期的民俗学研究有两个非常重要的学科传统，一是由博厄斯开创的、以田野调查为主要研究方法的人类学传统；二是源自欧洲的更为久远的文学传统，特别是其中的古典学。当时，古典学的学者们一直在讨论所谓的"荷马问题"，即《荷马史诗》究竟是由个人创作还是多人创作完成的。由于缺乏可靠的文献记载，有关这一问题的讨论陷入了各执一词的困局。正是在人类学者有关进行田野调查的呼吁的推动下，米尔曼·帕里另辟蹊径，试图通过对现存史诗演唱传统的研究，重构古希腊时期的文化情境，其理论假设的前提是早期史诗创作与当代史诗演唱之间在传承方式和表演形态上的一致性。从20世纪30年代开始，帕里以及后来加入其团队的学生和助手洛德便深入前南斯拉夫地区，考察当地仍然非常繁盛的史诗传统。《故事的歌手》一书以及由此而确立的"口头程式理论"便是这一考察项目的首要成果。依据口头程式理论的观点，诸如《荷马史诗》一类的作品，大体应是集体匿名创作和传播的产物，其中实际发生的现场表演是创作、传播以及意义生成的核心环节，史诗歌手依据程式，在总体上确保核心故事稳定性的前提下，于即兴表演中进行文本的口头创作和情感表达。从《故事的歌手》开始，即便是秉持文学研究传统的民俗学者，也逐渐通过进入田野来关注此类即兴表演及其对于意义生成的影响。

作为民俗传统的"非遗"与现代生活则有着不可分割的密切联系。首先，"非遗"是中华优秀传统文化的延续，即传统内容、传统形式、传统语境的延续；其次，"非遗"体现着中华优秀传统文化的新形式，即传统内容在新形式、新语境下拥有新的传承、传播方式；最后，"非遗"折射出当代社会的新传统，即新内容、新形式和新语境。

二、"非遗"的实践困境与保护路径

在当代非物质文化遗产保护实践中,文化本真性以及如何合理开发与利用某一特定社区的传统文化,是研究者以及保护工作的实际参与者所面临的首要问题。由于非物质文化遗产保护与传统民俗学研究在内容上的高度重合性,研究者亦将表演理论用于观照作为对象的非物质文化遗产项目。在联合国教科文组织制订、颁布,并由各国政府缔约签署的《保护非物质文化遗产公约》中,所谓"非物质文化遗产"被定义为"被各社区、群体,有时是个人,视为其文化遗产组成部分的各种社会实践、观念表述、表现形式、知识、技能以及相关的工具、实物、手工艺品和文化场所" ❶。这一定义将认定"何谓'非遗'"以及文化本真性的权力赋予了处于地方层面的社区、群体以及个人,将他们确立为实践、再现和表达"非遗"相关知识和技能的主体。在此,联合国教科文组织所提出的超越文化边界的、具有元文化性质的保护政策和原则,在具体的在地实践中,一直与地方性知识相互争执和胶着,全球性与地方性在此成为各方博弈的场域。❷ 这一冲突使非物质文化遗产保护实践成为维克多·特纳指称的"社会戏剧"发生场。不过,冲突并不局限于外部与内部、全球性和地方性,因为当某一特定的传统成为"非遗"保护实践的具体行动对象时,所谓"地方性"(以及由此而承载的"本真性")的指涉并不是唯一的和单向度的。由于不同的社会区分和权力结构中的复杂关系等多元面向,此处的"地方性"不再局限于表述特定的文化地理时空所承载的、具有统一意识的"理想"社区,而是一个复数性的集合体或者杂糅状态。❸ 地方性的多样维度造就了文化表演的丰富语义。

非物质文化遗产的保护路径与方法,首先,要注重原生态保护,即对传统的保护,如中国美术学院民艺博物馆举办的"剪纸系列展"(图1)和"冀东皮影

图1 民艺中国——剪纸系列展

灯影乾坤——冀东皮影艺术展
Shadow Puppet World–Jidong Shadow
Puppets Art Exhibition

策展:黄艳
展览执行:马群 林晶滢
时间:2018.12.4(常设展)

志愿者团队:吴一凡、胡钰璿、王玥、何可可、夏依婷、竺央、丁腾威、曾佳豪、李一山、汪凌、王曼霏、顾家僖、刘馨鸿、蒋子彦、刘杨、朱晨希、刘童、吴恬笑、邵蕴宜、陈艺丹、钱馨仪、邹雨璐、唐玮、曹心怡、余潇雨、李鹏香、吴哈妮、叶文蔚、唐雨田、张嘉玉

图2 灯影乾坤——冀东皮影艺术展

❶ 保护非物质文化遗产公约 [Z]. 联合国教科文组织,2003:2.
❷ MICHAEL D F, LISA G. UNESCO on the Ground: Local Perspectives on Intangible Cultural Heritage [M]. Bloomington and Indianapolis: Indiana University Press, 2015.
❸ 同❷.

艺术展"（图2）都体现出对传统"非遗"的保护与弘扬；其次，要注重生产性保护，即在传承"非遗"中要体现效益；最后，要注重创新性保护，即时尚性的表达，与现代审美和生活的结合，如吴耿祯将中国传统剪纸艺术带入爱马仕，与现代时尚相融合，打造别具一格的时尚产品（图3、图4）。以上三条保护路径其核心，则是注重传统与现代的关系、本土与国际的关系、审美与功能的关系，体现"非遗"传承与保护的"活态化"发展。

图3　吴耿祯剪花人"打蛙鼓"爱马　　　图4　吴耿祯剪花人"穿橘色虎头鞋
　　　仕皮革　　　　　　　　　　　　　　　的梦"爱马仕皮革

三、汉服的现代境遇和创新可能

在现代社会发展中，汉服发展的生存环境存在以下三个方面的境遇。首先，是传统功能的降低，服饰最初承担着御寒、蔽体、遮羞等功能，在封建社会中，服饰不仅是身份地位和尊卑等级的标识，还与"礼"紧密联系，在各种礼仪场合发挥重要作用。但是随着封建王朝的解体，等级身份逐渐消解，封建习俗进一步简化或消弭，服饰体现出的传统的仪式性功能也在慢慢消解。其次，是现代功能的增强，在当今社会下汉服更加突出自我表达和身份认同的功能，尤其是近些年来国潮风尚兴起，汉服更是迎来了蓬勃发展的时期，如明华堂2019年系列设计作品中，不仅展现了制作精良的汉服服装，更是对妆容、场景、配饰等也进行了还原，体现了更强的氛围感也受到更多消费者的喜爱（图5）。最后，是汉服受众集中，多数汉服消费者集中在一、二线城市，且以年轻女性为主，像男性或农村人口等群体参与度并不高，消费群体和范围都存在一定的局限性。

面对汉服发展的当代境遇，如何创新更多可能性是首要问题，因为汉服创新是一整套文化符号系统的重建，主要有三个方面。首先，是创新内容，传统汉服主要集中在服装中，配饰、鞋履等内容创新较少，质量也参差不齐，而男装、军服、玩偶等产品的开发则更显薄弱，因此，应在汉服的产品内容方面进行全面化的创新开发。其次，是创新形式，汉服理念和发展途径应有更多形式的传承，不一定只局限于设计汉服的服装，也可以是借鉴汉服的元素，应用于其他表现形式之中。最后，是创新语境，汉服是中华优秀传统文化的一部分，根植于华夏土地，但在全球化、信息化的现代社会中，汉服发展应探寻全新的发展语境，重视国际传播，一方面扩大汉服的传播范围和影响力，另一方面也为增强中华文化的国际话语权增添力量。

图 5　明华堂 2019 系列设计

苏绣技艺与实物鉴赏

—— 姚惠琴 ——

- 研究员级工艺美术师、"非遗"刺绣（苏绣）传承人
- 镇湖琴芬绣庄创始人之一
- 首届中国青年刺绣艺术家、江苏省工艺美术名人

一、苏绣中的主要针法与运用

中国四大名绣分别为粤绣、蜀绣、苏绣和湘绣，其中苏绣是指以苏州为中心的江苏一带的刺绣绣品的总称。苏绣距今已有2000余年的历史，早在三国时期就有关于苏绣的记载，至明代，江浙地区高度发达的纺织业使苏绣成为家家户户普遍经营的副业劳动。清代，苏绣不仅在精细度上有了更高质量的发展，更是在清中叶出现了"双面绣"，将苏绣技艺又提升至一个新的高度。随着刺绣技艺的发展的同时，由于受到绘画艺术的影响，又出现一种专门用以观赏的画绣。❶自此，苏绣工艺基本上沿着日用品、观赏品两大品类并行发展。❷

1. 平针

平针在苏绣针法中是较为简单的一种，也是其他针法的基础。这种针法要求绣线排列均匀而整齐，线迹大小、长短、方向一致而协调。平针的绣线既不能重叠，也不能过于疏散把底布透出来。平针绣法的苏绣绣品往往精致而齐整，也会搭配其他针法（如乱针等）用来突出绣样的形象，增加绣品的丰富程度和可观赏性。

2. 接针

接针也是苏绣针法中较为基础的一类。直针线条可以拉长，但过长就会造成线松而抛起。切针可以延长线条，但会露出针脚。因此，接针的特征就是它既容易藏起针脚，又可以随意接长。接针是以第二针紧接第一针尾的一半接连刺绣，针迹长短相等匀称。主要用于绣线

---

❶ 李顿，张竞琼，李向军. 苏绣中的服饰品绣与画绣主要针法研究 [J]. 丝绸，2012（6）: 50-54.

❷ 孙佩兰. 苏绣 [M]. 北京: 轻工业出版社，1982: 15.

图1　虚实针

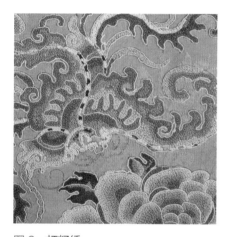

图2　打籽绣

条，绣马鬃、松针、水草、花须和绣字等。❶

3. 虚实针

虚实针是苏绣针法中较难的一种，顾名思义就是虚实并用、以实形虚的针法。例如，物体在光照下会呈现亮面和暗面，在阴暗的部位，就用实针绣，还可结合乱针等技法；在光亮的部位，就用短针绣，针越密、线越实，针越稀、线越淡，这种针法对于光影和渐变有着很好的表现效果（图1）。

4. 打籽绣

打籽是苏绣传统针法之一，由于每个籽粒细小，组织方便，所以在刺绣中也是一种常用的针法。打籽绣可以绣物体的一个部位，常见的就是绣花卉的花蕊部分，也可以独立地绣完整的图案。籽与籽之间可以通过控制线的松紧形成大小和疏密上的差异，在一定程度上，使绣样拥有更丰富的变化（图2）。

5. 乱针绣

乱针绣其绣法自成一格，把千年传统的平面绣拓展到画理立体表现手法。刺绣家杨守玉在传统苏绣技法基础上，创造了针法长短不一、方向不同且互相交叉，并运用分层、加色的手法，创新出在色彩、结构上更为丰富的乱针绣。任慧娴以自己对素描及其国画的研究创造了虚实乱针绣。虚实乱针绣在原有的"大交叉针，小交叉针"的基础上，重新创新了更多的针法。乱针绣是我国几千年传统刺绣技艺的重大突破，其绣法自成一格，刺绣作品内容由单一的花草、风景拓展到人物肖像、世界名画、摄影等，开辟了我国刺绣向更高工艺美术层次迈进的广阔前景。❷

二、苏绣作品赏析与讲解

1.《静物花卉》赏析

此作品创作者不仅灵活地运用了苏绣的多种针法，还将油画技法与乱针绣原理结合起来进行刺绣，

❶ 朱凤. 苏绣针法及其运用 [J]. 科学之友，2010（9）: 16-18.
❷ 程炫语，崔荣荣，牛犁. 解读乱针绣的社会文化 [J]. 艺术品鉴，2018（36）: 220-221.

使"画理"和"绣理"融会贯通,用于绣制油画作品,使其绣品具有鲜明的艺术个性及独创性,以粗、细乱针结合平针的绣法自由灵动地刻画了各色花卉的形状与动感,巧妙地将丝线的光泽有机地融入了原画的笔触之中,因而使作品的光影和色彩表现得十分细腻和突出(图3、图4)。

2.《骷髅幻戏图》赏析

此作品涉及直针、松毛针、松针、套针、绕针、网眼针、滴针、打籽针、辫子股针、正抢针、反抢针、鸡毛针、盘金针、网针、管针、纳纱针、丝针、切针、滚针、接针、施针、扣边针、虚实针、旋针、缠针、擞和针、铺针、扎针、长短针、齐针、斜平针、掺针、散套针、包针、珠绣针、锦纹针、挑花针、平金针、锁针、编针、拉锁针、打点针等50余种针法。创作者用思想赋予了《骷髅幻戏图》刺绣语言、色彩语言、几何语言,用传统技艺来表达光明与黑暗,恐惧与安宁,善良与邪恶,生命与死亡,美好与丑陋。通过理解、构思、行为、实践,每一次细腻且坚定的落针都凝结了创作者对原作、对艺术、对生活的情感和感悟。这也正是不同表现形式的魅力所在,是不可思议的创意和创新。同时,此作品成功入选"第57届威尼斯双年展中国馆"的展览,开创了当代苏绣进入世界顶级艺术展览的先河(图5、图6),充分体现出苏绣《骷髅幻戏图》"和而不同、返本开新"创作重构的最高境界。

图3 姚惠琴作品《静物花卉》

图4 姚惠琴作品《静物花卉》(局部)

图5 姚惠芬、姚惠琴等作品《骷髅幻戏图》1

图6 姚惠芬、姚惠琴等作品《骷髅幻戏图》2

考察研究二

苏州丝绸博物馆考察报告

2022年11月2日，在国家艺术基金2022年度艺术人才培训资助项目"汉服创新设计人才培养"项目组的带领下，学员们前往江苏省苏州市的苏州丝绸博物馆进行实地考察和采风活动（图1）。

苏州丝绸博物馆位于江苏省苏州市北寺塔风景区内，是我国第一座丝绸专业博物馆（图2）。馆设有历史馆、现代馆、少儿科普馆、桑梓苑和丝织机械陈列室、钱小萍丝绸文化艺术馆六大展区，其中历史馆包括古代厅、蚕桑居、织染坊、贡织院、民国街和"非遗"厅六部分。馆内既有精美的丝绸文物陈列、动态的栽桑养蚕展示，又有传统织机操作表演和现代丝织技术在生活上的运用。截至2019年8月，该博物馆拥有从新石器时代到明清时期的文物级藏品700余件，各类标本及资料藏品3000余件。

图1　苏州丝绸博物馆采风合影

图2　苏州丝绸博物馆

传承华夏文化，通晓古今未来。在苏州丝绸博物馆的采风活动中，学员们参观了历史馆、现代馆、桑梓苑、丝织机械陈列室和钱小萍丝绸文化艺术馆等展区，通过讲解员对展区内精美丝绸文物的解说，再结合动态的栽桑养蚕展示和传统织机操作表演等，学员们既能深入观看传统技艺表演，也能学习其织造工艺和文化内涵。

历史馆是大家着重参观的展区，学员们一一走过古代厅、蚕桑居、织染坊、贡织院、民国街和"非遗"厅。首先，基于实物、图片和场景感受中国丝绸的辉煌历程，特别观看了唐、明、清时期的服饰；其次，观察蚕的一生，了解最宝贵的纺织原料来源，一只只破茧而出的蛾，完成了一个美好、圆满的生命轮回，持续着那份"春蚕到死丝方尽"的辛劳；再次，倾听楼织机机杼声，唤醒人们传承和保护精湛的丝织技艺，置身其中，仿佛穿越了时空隧道，美好一一拂过眼前；随后，观看以苏州织造署遗址为原型的设计，想象清代官营织造的繁盛景象，亲王和职官的衮服蟒袍，文武官员的补子（图3）无一不是最好的证明；最后，漫步民国街赏旗袍（图4），领略别有一番风味的复古风情；走过"非遗"厅看丝织品（图5），将承载了优秀传统技艺精华的代表、千年的文明、传统的技艺皆铭记于心。尤其是古代厅中

图3 清·盘金银绣锦鸡文二品官补

图4 民国·叶影彩条地织月季花缎衬绒短袖旗袍

陈列的唐代、明代的服饰最为珍贵。历史馆藏品以时间为脉络，浓缩了中华7000年的丝绸文明史，展示了从先秦文明到清朝的历史长河中灿烂的中华经织文化。

"何以梦红楼——江南运河上的文学、影像与丝绸"是苏州丝绸博物馆联合南京市博物总馆（江宁织造博物馆）和上海电影博物馆特别推出的临时展览，展出与《红楼梦》相关的文物藏品，从文学、电影、丝绸等多个角度阐释文学经典，展现江南文化。在"何以梦红楼"特设展厅中，分为两个单元，第一单元"衣香鬓影"（图6），以"服饰"为切入点再现《红楼梦》中奢华的贵族生活，呈现内涵丰富的丝绸文化；第二单元"撷光拾影"，展出以《红楼梦》为题材创作的绘画、戏曲、影视作品等多种艺术形式，展现不同时期创作者对它的解读与演绎，让未尽的梦幻构思精彩延续成就不朽的艺术集萃。学员们通过观看陈列的大量制作精美、品相俱佳的清代服饰品，为研究清代服饰储备了珍贵的实物资料，也为后期进行创新实践汇聚了充足的设计元素。

图5 清·缂丝人物

图6 清·蓝地团龙纹刺绣绲边女褂

对学员们来说，苏州丝绸博物馆采风活动是一次不可或缺、意义非凡、收获颇丰的考察调研之旅。在苏州丝绸博物馆我们了解到中国是世界丝绸文明的发源地。华夏先民在约7000年前开始栽桑养蚕、缫丝织绸，创造了早期的丝绸文明，孕育了丰富的丝绸文化。丝绸成为中华文明的重要组成部分。发展到如今，宋锦、缂丝、苏绣等都已经成为国家级非物质文化遗产的代表作，也是人类非物质文化遗产。这些技艺的传承与发展需要更多人去深入探索其中奥妙，做不一样的解读与传播。"汉服创新设计"与之结合未尝不可，至于更多的新思路，则需要学员们充分发挥想象、代入实际去演绎。

利永紫砂博物馆考察报告

2022年10月29日,在国家艺术基金2022年度艺术人才培训资助项目"汉服创新设计人才培养"项目组的带领下,学员们前往江苏省宜兴市的利永紫砂博物馆进行实地考察和采风活动(图1)。

利永紫砂博物馆(图2)于2017年新近开馆,由国际著名设计师、集美组执行总裁梁建国教授设计,经过近两年的改造,馆藏自紫砂陶创制以来各时期的经典藏品300多件。展馆主体为上下两层,馆区分为紫砂溯源展厅、原料工艺展厅、当代展厅、明清展厅、民国展厅、七大老艺人展厅、顾景舟展厅,共七个参观区域。每个区域均向参观者展示极负盛名的紫砂器,展示宜兴紫砂百年路程的不断变迁。

图1 利永紫砂博物馆采风合影

图2 利永紫砂博物馆

紫砂壶起源于宋代,盛于明清,紫砂壶是中国茶文化的重要组成部分,是中国特有的饮茶器具,更是集壶泥、壶色、壶形、壶款、壶章、题名诸多艺术为一体的文玩雅具,其制作原料为紫砂泥,属于天然的矿产资源。从历史记载上追溯可知,江苏宜兴的紫砂在北宋时期便已经出现,而且经过明清两个朝代的发展,已经趋于完善,且涌现出了大批具有高超技艺的工匠大师。至明清时期,许多文人墨客也加入到了紫砂壶艺术创作行列,在壶上绘画、题字、作诗,给小小的盛物器皿注入了新鲜的艺术血液。中华人民共和国成立后,紫砂制陶产业得到了飞速发展的机会,尤其是改革开放以来,由于社会经济、政治形势的变化,给紫砂壶的创新应用又提供了新的机会。许多同胞将大批的宜兴茶壶引进到了各自的生活圈中,为紫砂壶做了隐性宣传,形成了20世纪80年代的"茶壶热"。这一形势不断发酵,使紫砂壶的百年工艺得以继承和发扬。如今,许多紫砂壶的工艺传承匠人不断挖掘传统手工技艺,大胆创新制作技法,形成了雕塑工艺、室内装饰、紫砂日用器皿等产品,不仅传承了紫砂工艺的造型艺术美,同时也彰显了紫砂工艺的文化意蕴。

明清展区紫砂艺人可谓大家云集,供春、时大彬、惠孟臣、陈鸣远、陈曼生、邵大亨(图3)等人的作品均为镇馆之宝。民国紫砂展区则更具有传奇色彩，制壶大家里不乏程寿珍（图4）、陈光明、俞国良、李宝珍、蒋燕亭、汪宝根、冯桂林、范鼎甫、范大生等这些传奇人物，有的一壶成名，有的为国争光，这些经过时光淘漉的作品，如今愈加温润动人。七大老艺人展厅专门展示顾景舟、任淦庭、吴云根、裴石民、王寅春、朱可心、蒋蓉这七位著名紫砂老艺人创作的珍品，以使其创作之功与传承之力为后代陶人所铭记。

图3 邵大亨"汉扁壶"作品

图4 程寿珍"汉扁壶"作品

利永紫砂博物馆是全国所有博物馆中关于顾景舟作品展出数量最多、精品和代表作最集中的博物馆。2015年，中超利永公司曾于某藏家手里收购了28把顾景舟紫砂壶，在此之前，从未有人或公司以如此手笔打包收购顾老作品。在顾景舟专馆里展出的作品浓缩了顾景舟不同人生阶段的艺术精华，令人似乎还能感受到他当初创作时内心涌动的情感，其雄健而严谨、流畅而规矩、古朴而典雅、工精而秀丽的艺术风格，不愧为壶艺泰斗、一代宗师。图5中的紫砂"鹧鸪提梁壶"的整体造型是端庄古典的形态，不仅有古色古香的古典设计，更有现代造型的简洁明快，把现代美学的思维和造型展现得淋漓尽致，将古典与现代结合得恰到好处。壶身为扁圆形的设计，其最大的特点便是它的提梁上的设计，采用三点支撑的方式去塑造。"鹧鸪提梁壶"的提梁是用了扁的形态造型去塑造的，提梁部分从侧面看上去就像一只展翅飞翔的鸟儿的头一样，这就是"鹧鸪提梁壶"中鹧鸪的由来。

领略物华天宝，感悟匠人匠心。此次采风活动意义深远，通过此次采风，学员们扩充了紫砂文化的相关知识，感受到工艺作品背后深厚浓郁的工匠精神，启示大家在日后工作和创作中要对知识有所敬畏、对设计有所追求。此次活动不仅使学员们在学习之余放松身心、开阔视野，还让大家领略到了中国传统工艺文化的独特魅力，体悟"器"与"道"的造物理念。同时，期望通过此次采风活动，能吸引更多传统工艺、中华文化的爱好者加入到传承和创新传统文化的事业当中，让更优质的传统文化和相关艺术作品走进大众生活。

图5 顾景舟"鹧鸪提梁壶"作品

江南大学民间服饰传习馆考察报告

2022年11月9日，在国家艺术基金2022年度艺术人才培训资助项目"汉服创新设计人才培养"项目组的带领下，学员们前往江苏省无锡市的江南大学民间服饰传习馆进行实地考察和采风活动（图1）。

江南大学民间服饰传习馆是以汉族民间服饰为收藏研究对象、旨在传承和发扬我国汉族民间服饰文化的传习馆（图2）。传习馆于2008年建成并对外开放，共设有北方民间服饰展示厅、南方民间服饰展示厅、民间精品服饰展示厅、创意设计服饰展示厅四个展厅，以清代中晚期以来的汉族民间传世服饰陈列展示为主，传习馆除整理、收集、分析我国各区域传统服饰、配饰的造型与结构、织物与色彩、装饰与纹样等之外，也为地区历史与传统服饰文化的科学研究与当代创新提供了素材与研究基础。

图 1　江南大学民间服饰传习馆采风合影

图 2　江南大学民间服饰传习馆

馆内丰富的展品涵盖了旗袍、长袍、马甲、袄褂、马面裙（图3）、套裤、鞋袜、蓑衣、披风、荷包、腰包（图4）、眉勒、耳套等服饰品和熨斗、缝纫机等相关器具，均有较高的历史文化与艺术价值。这里馆藏的精品，呈现了汉族民间服饰文化的博大精深、历史悠久，也涉及了民生、民俗、民习、民艺等方面的形态，启示着民族文化艺术的发展脉络。由传习馆正门进入，首先看到的是一件清代的刺绣女褂——石青色江崖海水牡丹纹女褂，是传世女褂中的一件珍品（图5）。系清代中晚期贵族女眷所着的礼仪服饰，其形制为圆领、对襟、平袖宽挽、左右开裾，缀铜鎏金寿字纹，扣四枚。女褂整体上宽肥博大，衣身宽松，后中破缝，衣肩连接，下摆加阔上翘呈圆弧状，两侧开衩，是典型的接袖结构。面料以湖色素绫为里，石青色缎为面，米色缎为挽袖。其纹饰造型生动，寓意吉祥，布局疏朗有致，做工精湛，晕色自然和谐，纹饰处理细腻生动，给人以富贵庄重之感，值得一提的是，这件女褂的"五色立水"上以牡丹花点缀其中，前后各六朵，这在清代服饰中较为少见，具有极高的收藏与研究价值。

图3　清·八彩蓝缘花鸟蝴蝶纹绸百褶月华裙　　　　图4　折枝花"满腰转"腰包

　　传习馆二楼展出了造型各异、风格独特的各色云肩，云肩作为一种衣饰起源于秦时妇女所着的披帛，是我国古代尤其是明代以后妇女的重要服饰品和装饰品。云肩的主要形制是四合如意形，整体为4片，4层如意形层层叠加，并相对称均衡连接，以不同的色彩搭配及工艺缘饰形成渐进的层次（图6）。大如意下边缘缀有5~7条绣花飘带，严谨工整，整体具有一定的结构层次感和立体感，中间为如意领，领本身也可以成为一个独立的小云肩，也分为4层。其装饰形式主要是刺绣工艺、缘饰绳边和连接用的珠饰。刺绣以平针绣为主，也有打籽绣、盘金绣、锁绣等，题材多为代表美好生活的花卉果实以及美好生活场景或对戏曲故事的描述，所有如意形外缘镶有贴边或者细条绳边，内缘是细条机织花边，装饰和色彩对比丰富，点、线、面的穿插自然和谐，整体效果华丽、繁复、精致。从展开的云肩平面看，外观统一在圆形内，内部4片统一在方形内，象征天圆地方；另外，云肩穿在人的身上，层层叠叠，恰似古代佛塔的缩影，配上云肩上所绣生动、鲜活的花卉图案和劳动生活场景，恰似融合了大自然，与古代"天人合一"的哲学内涵一脉相传，在我国汉族民间服饰历史上有着显著的地位和艺术价值。

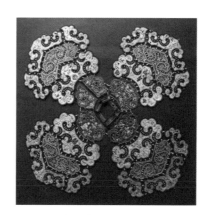

图5　清·石青色江崖海水牡丹纹女褂　　　　图6　四合如意形彩绣大云肩

　　人文江南，博古藏今。牛犁教授针对馆内藏品加以详解，不仅分析了服饰形制、纹样等方面的知识，还讲述了服饰品背后的故事与文化，指出传承中国传统服饰和民间服饰最根本的不仅仅是抢救与保护服饰品本身，更重要的是对中国传统服饰文化，尤其是对民间服饰文化习俗和精神内涵的激活与再生。这是江南大学民间服饰传习馆的立馆宗旨，也是每一位学员所肩负的使命和责任。

第三章

文艺研究的世界观与方法论

知微知彰　知往鉴今

—— 谢大勇 ——

- 北京东城区第一图书馆副研究馆员
- 北京服装资料馆创始人
- 《中华大典·艺术典·服饰艺术分典》副主编、《中国古代服饰文献图解》主编

一、文字发展与古籍概念

《荀子》有言："好书者众矣，而仓颉独传者，壹也。"这是传说中仓颉第一次对文字做了规范化处理。秦始皇统一中国后，书同文、车同轨，创立小篆字体。秦代的狱吏程邈创造了隶书，可以说这是古今汉字的分水岭，如湖北省云梦县睡虎地秦墓出土秦代竹简中就出现篆隶混合的笔法（图1），使汉字带有明显的线条符号特征，为书籍的发展创造了条件。楷书自东汉兴起，到了唐代，标准的楷书为雕版印刷创造了条件。到了明代隆庆、万历年间，出现了中国最早的印刷体——明体字，也就是现在的宋体字，明体字的问世是中国最早定型的印刷体产生的标志。由于汉字的一脉相承，我们可以与先秦诸子百家自在地进行思想对话。民族的自信来源于文化的自信。一字一世界，一笔一乾坤。

古籍，是指未采用现代印刷技术印制的书籍。图书在古代称作典籍，也叫文献，兼有文书、档案、书籍三重意义。在《说文解字》中记为"书，著也"，在《释名·释书契》记载："书，亦言著也，著之简、纸永不灭也。"司马贞在《史记索隐》记有"书者，五经六籍总名也"之

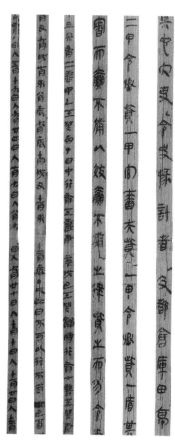

图1　秦·睡虎地墓竹简（湖北省博物馆藏）

句。唐代以前所有的书都是由人工书写在简帛或者纸张上（图2），唐代雕版印刷术兴起。宋人编写的《新唐书》是最后一部称为"书"的正史。构成古籍的要素主要有记录和表达内容的文字、记录内容的物质载体和系统完整的文献内容三个方面。

文献的概念，据《论语·八佾》载："夏礼吾能言之，杞不足征也；殷礼吾能言之，宋不足征也。文献不足故也。"朱熹集注曰："文，典籍也；献，贤也。"可知文者，典籍也，指在诗文中能引用古籍故事和有出处的词语；献者，贤也，指有才德，有声望，有奉献之人。文献之"文"指有关典章制度的文字资料，"献"则指熟悉掌故的人。除了泛指古籍外，今人把具有历史价值的古迹、古物、雕塑、壁画、碑石、绘画等，统称为"历史文献"。

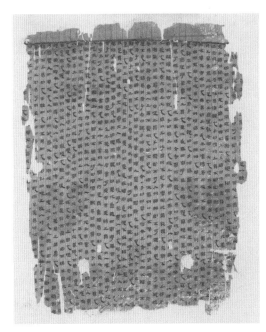

图2 西汉·帛书《易之义》（湖南博物院藏）

二、古籍知多少

我国现存古籍，究竟有多少尚是一个未知数。现在仅就《中国丛书综录》要目、《四库全书》著录及存目书、《贩书偶记》正续篇三者合计，尚可作为探讨之根据。

《四库全书总目》除著录收入《四库全书》的图书3462种外，还有存目6793种，二者总计100255种。《贩书偶记》及《贩书偶记续编》，孙殿起先生编撰；著录图书9000多条，《贩书偶记》及《续编》各20卷，按经史子集四部分类，所著录以清代以来的图书为主，共计15000余条。《中国地方志联合目录》著录现存方志8200余部（图3）。《书目答问》著录古籍2200多种（图4），后范希曾又作《补证》，除订正一些讹误，还补收了一些和原书性质相近的书；二者共约3000种。《中国通俗小说书目》《明清小说目》等著录小说2000多种。《中国历代年谱总录》著录年谱3015种，加上族谱，总约10000种。《历代医学书

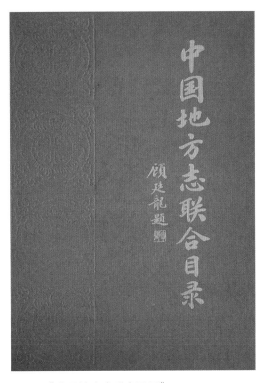

图3 《中国地方志联合目录》

目提要》《中医图书联合目录》著录古医书8000多种。《中华大藏经》（图5）、《佛教典籍分类之研究》等，著录佛教典籍4100多种；加上道教典籍和其他宗教书，共约7000种。又据《谈谈古籍和古籍分类》的估计，碑帖舆图约有10000种，兄弟民族语文古籍约有10000种。

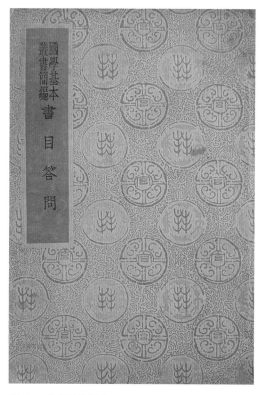

图4 《书目答问》

图5 《中华大藏经》

以上，除去重复，总计大约13万种。据最新统计资料，各种文献近20万种。这些古代文献对于保存传统文化起到了至关重要的作用。任何人的研究都必须借助前人的成果，其中图书馆在保存整理古代文献中产生了十分深远的影响和意义。

三、文献典籍与服饰研究

服饰研究要重视使用工具书。工具书是专供查找知识信息的文献，它系统汇集某方面的资料，按特定方法加以编排，以供需要时查考使用。工具书包括字典词典、年鉴手册、书目索引等。除此还需重视目录的作用。目录或书目是按照一定次序编排，记录图书的书名、作者、出版、内容与收藏等情况，或列出书刊的篇章等目次，以供读者检索之用的工具。王鸣盛在《十七史商榷》写道："目录之学，学中第一紧要事，必从此问涂，方能得其门而入，然此事非苦学精究，质之良师，未易明也。"《古代服饰文化参考文目录》一书分为上下两篇，上篇为"民族服饰文化参考文献目录"，下篇为"古代服饰文化参考文献目录"。"民族服饰文化参考文献目录"所收文献，以反映服饰的民族特征为主题，涉及综合论述、专题研究、理论分析等多方面的内容，共收文献2563条，时间上自清初，下迄20世纪末，内容按民族排列。《古代服饰文化参考文目录》主要分为古代文献举要、综要论述、断代论述、专题论述、麻毛棉丝、织染绣、丝绸之路与服饰文化交流七大类，下分84目，共收文献6501条，收文时间上自先秦，下迄20世纪末，分类排列，查找方便。

　　服饰是文化的载体，是历史的见证。启蒙读物《千字文》载："始制文字，乃服衣裳"，将文字与服装相提并论，认为是文明之标志。朱熹《童蒙须知》曰："夫童蒙之学，始于衣服冠履"，是说衣冠是礼仪之始。在古代，服装所体现的政治功能十分强烈，其艺术的属性是依附于政治功能而散发出的审美情趣和光芒。服饰贯穿于人类发展历史的始终。服装承载着民族归属感、文化认同感和祖国自豪感，使用是最有效的传承，传播是最有力的保护。

服饰历史的研究方法与视角

—— 牛 犁 ——

● 江南大学设计学院教授、副院长，博士研究生导师

● 教育部中华优秀传统文化传承基地主任、江苏省非物质文化遗产研究基地主任

● 中国艺术人类学学会刺绣专业委员会副主任委员、秘书长

一、学术研究与文献应用

服饰发展史不仅仅是描述服饰造型或材料的历史，更是一部研究人与人、人与自然、人与社会的关系，即衣生活的历史。从而明确了服饰发展史是以人类历史中一切服饰现象及其发展、演变的规律作为研究对象，主要任务就是分析不同时期与地域条件下，社会政治、经济、文化、教育、宗教及审美情趣等因素对服饰发展的作用与影响，探讨服饰发展过程中继承与创新的关系，研究具体服饰现象在服饰发展中的地位、作用及意义。

染织服饰史是艺术设计学中发展较早且较为成熟的一支，文献研究是服饰专业学生必做之功课，乾嘉学者程瑶田说："孔子欲说夏殷之礼，而叹杞、宋之无征，则文献不足故……足则能征，知其解者旦暮遇之可也。"可见没有足够的文献，连孔子也无法说夏商之事。首先，要有看待服饰问题的方法需要正确对待"继承与发扬""批判与吸收""古为今用""洋为中用"，既要弘扬古老中华民族优秀的服饰文化，又要学习全人类服饰文化的宝贵经验。通过对各个时期、不同地域服饰的发展特点的了解，认识服饰发展变化的规律，开阔视野，提高修养，增强对服饰发展趋势的分析和预测能力的培养。其次，从文献的角度，书目的选择，计划的拟定，必须史、著、论相结合。"史"就是每个专业、每个研究方向甚至每个选题的学说史（图1）。我们研究、做学问必须站在巨人的肩膀上，也就是站在前人知识积淀的基础上，向历史学习。有史的基础，选题、论文才能变得厚实起来。学服装的当然服饰史是关键。掌握了"史"来读名著，就好比"顺藤摸瓜"，顺着"史"的线索去读不同时代不同名家的著作。我们掌握学术动态、学术前沿，就是通过不断发展着的学术论文掌握学术动态。

二、美用融合视角下的服饰文明互鉴

1. 功能需求下古代服饰的文化借鉴与融合

关于服饰的起源，一说是为了满足人们的生理需求，调节人体温度或保护身体避免伤害。在充满变动的中华历史中，汉族服饰为了弥补自身实用性与功能性的不足，也曾多次向周边地区与少数民族借鉴其服饰特点，在遵循实用、适用与巧用的过程中不断改进服饰的造物设计。在功能需求驱使下将传统汉服与胡服形制相融合所进行的第一次尝试，出现于战国时期。赵武灵王借鉴北方游牧民族服饰的活动性、实用性强的形制特点，在全国推行"胡服骑射"，普及胡服。据《史记·赵世家》记载："今中山在我腹心，北有燕，东有胡，西有林胡、楼烦、秦、韩之边，而无强兵之救，是亡社稷，奈何？夫有高世之名，必有遗俗之累。吾欲胡服。"于是汉族传统的宽衣博袖形制趋于紧窄。与战国相似，魏晋时期汉族与少数民族的联系进一步深入，军中的骑乘之风也逐渐影响到民间。实用功能比传统汉族宽松肥大的服装优越的胡服，向汉族民间的劳动者阶层转移、普及，紧窄短小、上俭下丰的适体样式逐渐在民间生活中广为流行，极大地满足了民间百姓生产劳作及生活活动的需求。沈括在《梦溪笔谈》（图2）中直接指出："中国衣冠，自北齐以来，乃全用胡服。窄袖、绯绿短衣、长靿靴、有蹀躞带，皆胡服也。窄袖利于驰射，短衣、长靿皆便于涉草。"可见，功能性需求是古代服饰与少数民族服饰融合与发展的重要推动力。

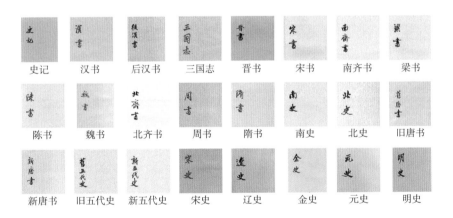

图1 二十四史

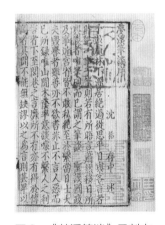

图2 《梦溪笔谈》元刻本

2. 审美需求下古代服饰的文化借鉴与融合

造物之美在于主（人）客（物）体相融，物必须被人用在身上或鉴赏于心中，并置于与之相应的时间、空间中，其审美价值才能被充分展示出来。造物艺术作为文化心理的对应品，无疑将随着民族的迁徙、时代的变迁和文化思想的发展而呈现出千变万化的造型、色彩、材料、功能等表现形式。换言之，造物要取得最佳效果，必须与两个环境——小环境（即人与物之间形成的内空间环境）和大环境（即造物的外空间环境）相和谐才能实现。从我国数千年社会文化发展史来看，不同的历史时代催生出各自独特的审美内涵。

自周代建立服制伊始，纺织及制衣技术的发展趋于成熟，决定了后世服饰开始重视实用功能外的其他方面，人们对美的追求映射在服饰之上。作为以博为尚的代表时期，唐朝中晚期在自身经济发展与纺织技术条件支持下受到外来思想文化的影响，使女性体态的审美观念发生了转变，女子以丰腴为美，女子的服饰便随之渐渐宽大化。与唐代追求丰盈为美相反，宋代的审美风格达到了另一个极端。服饰的造型由唐代女服造型逐渐收敛，趋于守旧简洁，形成了宋代服饰独有的严谨理性之美。可见在不同时期不同历史下，受思想与文化发展程度及风格的影响，人们的审美理念有或大或小的差异，并推动了古代服饰对前朝形制或其他民族地域服饰风格的融合与改良。

3. 美用融合下的古代服饰造物观念

古代服饰文化融合与历史变迁体现了汉族文化对于"他文化"的主动接受，这些被吸收的"他文化"经过"消化""改造"之后成了汉文明中新的、属于自己的内容，并从服饰的变化中反映出来，最终形成汉族服饰美用融合的风格，并在美用融合的基础上形成了服饰的造物之"道"。造物作为一种创造性的思维活动和实践过程，包含着技术、艺术、经济等多方面、多层次、多角度的思考与统一。它不仅包含着造物过程中作为造物者的人所体现出来的原则、依据和预想，同时也表现为被造物者所创造出来的"物"所折射出来的社会思潮、科技文明、历史文化。在中国古代漫长的服饰造物实践中，它广泛吸收了华夏历史文明进程中本土和外来的各民族造物的特点，并形成了自身鲜明的思想体系和价值特色，即"唯变所适性、等级制度性、多样并蓄性、民族人文性"。如元代之后裙装多褶裥（图3），这样的设计增加了很大的灵活空间，方便人们的运动劳作，既符合人体工学的生理要求也达到了美观的需求。这种在"美"与"用"中不断变化的体系是中华民族"精神价值""生活方式"和"信仰习惯"的集合体，包含传统民族造物观念的历史与艺术价值、继承传统文化的社会符号价值、传习传统文化意蕴精神价值、民族个性价值以及民族情怀等方面内容，最终呈现出服饰之治、器饰共生、师法自然、备物致用、器以载道、敬物尚俭等思想内核。

图3　元·辫线袍残片（美国纽约大都会艺术博物馆藏）

图4　唐·绢衣彩绘女舞木俑（新疆维吾尔自治区博物馆藏）

三、中华民族服饰发展中的诸因素

1. 文化融合与变迁的内部因素

服饰文化的形成和发展是中华民族多元一体"和实生物、同则不继"的产物。汉族服饰在历史演变过程中表现出较明显的多元同一性，在继承自身文化核心的同时，面对少数民族服饰与文化的传入时或积极地主动包容，或被动地吸收融合，在此过程中传统汉族服饰学习并结合了异质服饰的性能、造型、审美等多方面特点，会同中华文明呈现出多元共存、兼收并蓄的风格。作为一定历史时期内一脉相承的主流服饰，传统汉族服饰显现出强大的自信心与文化认同感，成为其延续千年，在混乱的时代变迁中仍能保持核心内涵与主要形制特点的重要原因。这种民族文化的认同感促使传统服饰在日积月累中逐渐彰显出强烈的和合文化魅力，吸引周边其他民族服饰文化前来采长补短。

2. 文化融合与变迁的外部因素

从被动涵化的战争与政治因素来看，传统汉族服饰并非独立存在，在其形成之时就已被周边少数民族服饰环绕，民族间的文化交流从未断绝。历史上几次民族大融合都发生在战争混乱、动荡不安的时期。除战国、魏晋时期外，同样推动传统汉族服饰向周边民族交流学习的还有政治的不稳定，少数民族建立政权的几个时期，如元代与清代，各民族间人口流动性更强使民族杂居的情况更为常见。统治者强制推行的明令与民间百姓自发的模仿借鉴，都反映着民族服饰及文化间的融合日益深入的必然发展趋势。相比于战争与政治因素，外来文化与宗教的传入对传统汉族服饰的影响则相对温和。例如，新疆阿斯塔那墓出土唐代彩绘舞蹈女俑半臂上的"联珠纹"，就是中国人选取心目中与西方有密切联系的题材与联珠纹的结合（图4）。

综上所述，中华文明的结构和机制在漫长岁月中经过一代代先人的不断实践、探索、积淀与完善，俨然形成了一套成熟的、自洽的和谐统一模式。这种服饰上的交融、共生与互补，充分体现了中国古人高度的政治智慧和中华民族深厚的多元一体和合文化底蕴，形成了古代中国"家天下"的国家治理观念。

考察研究三

宜兴市博物馆考察报告

2022年10月29日，在国家艺术基金2022年度艺术人才培训资助项目"汉服创新设计人才培养"项目组的带领下，学员们前往江苏省宜兴市的宜兴市博物馆进行实地考察和采风活动（图1）。

宜兴市博物馆，位于江苏省无锡市宜兴市宜城街道解放东路，藏品序列完整、器类丰富，以陶瓷、铜镜、法藏寺出土佛教窖藏文物为亮点精品，是综合性公共博物馆（图2）。设有尹瘦石收藏馆，钱松嵒艺术馆，钱紫筠艺术馆，吴冠南藏品、作品陈列馆，通史馆，现代名人馆，风土馆七个独立展厅以及两个临展厅。宜兴曾经的历史性地标建筑"相国牌坊"现今就存放于博物馆的正门口（图3）。

1992年，尹瘦石将自己毕生创作的代表作及收藏的历代名画、艺术珍品无偿捐赠给家乡。尹瘦石先生所捐赠的文物包括新石器时期至清代的陶瓷、玉器、石器、铜器、钱币等220件。展厅现展出82件文物及作品。2014年12月，钱松嵒外孙女、钱紫筠女儿钱春涛女士将钱松嵒作品4幅、钱紫筠作品40幅无偿捐赠给了筹建中的宜兴市博物馆。展厅中现展出31件作品。作品以宜兴山水人文背景为主要题材，具有强烈的艺术感染力。宜兴市博物馆建成后，专设"吴冠南藏品、作品陈列馆"（图4），集中展出吴冠南先生捐赠的126件珍贵藏品和精彩画作，供公众欣赏、研究，领略其艺术风采。

通史馆展览利用丰富的馆藏文物和地方文

图1 宜兴市博物馆采风合影

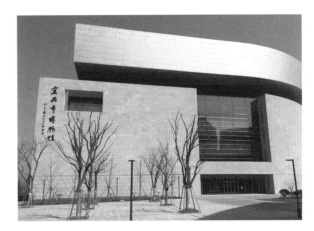

图2 宜兴市博物馆

图3 相国牌坊

图4　吴冠南藏品、作品陈列馆

图5　新石器时代·良渚文化玉琮

图6　唐·海兽葡萄镜

献资料，按照宜兴历史发展的脉络，分为序章、史前、先秦、秦汉魏晋南北朝、隋唐宋元、明清六个单元。时间跨度约一万年，贯穿了"史脉""人脉""城脉""文脉""陶脉"的传承发展主线，重点展示宜兴历史文明三大高峰，藏品涵盖自远古时代的古生物化石，新石器时代的地方典型陶器、石器、玉器（图5），两汉时期的陶器和瓷器，六朝时期的宜兴青瓷，唐宋时期的铜镜（图6）和佛教窖藏，明清时期的紫砂、宜均、瓷器、碑刻等，序列完整，器类丰富，更以陶瓷、铜镜、法藏寺出土佛教窖藏文物为亮点精品，全面表现宜兴历史厚重、环境优越、物阜民丰、人杰地灵、崇文厚德、社会安康、民风甘醇的地方特色。

现代名人馆重点介绍军事政治、教育科技、工商经济、文学艺术、社会活动五大领域63位在中国现代史上留下深刻印记的宜兴人。在陈列内容上突破文物展品的局限性，大量采用文献、照片、档案等历史资料；在陈列形式方面大胆尝试多种陈列语言和新技术、新材料，运用复原场景和人物雕塑等形式重现历史。共征集到名人手稿、书信、书籍等珍贵藏品达1751件，展出285件，是宜兴"物华天宝、人杰地灵"的精彩实证。风土馆取名自宜兴历史上第一部记录地方风物的书籍《风土记》（西晋周处编），是宜兴第一座全面展示宜兴"非遗"文化和民俗文化的专题馆，展示内容分为"古韵流芳"和"昨日记忆"两大板块。风土馆采用静态展示和动态表演、综合展示和专题展示、传统图文与实物展示以及多媒体展示相结合的手法，全景呈现宜兴独具一格的"非遗"民俗面貌。

走进人文荟萃世界，漫步古今岁月之间。在宜兴市博物馆的采风活动中，大家不仅亲身领略到宜兴深厚的文化底蕴，探求历史文化知识，还对我国传统文化有了更深刻的认识和感悟，为后期进行创新实践提供了丰富的灵感源泉。

第四章

设计智慧与时尚创新

汉风国潮流行与时尚创新

—— 崔荣荣 ——

● 浙江理工大学服装学院院长、
教授、博士研究生导师

● 全国纺织博物馆联盟副理事长、
中国艺术人类学会常务理事

● 教育部"新世纪优秀人才"、
江苏省"333工程"中青年科
技领军人才

一、传统服饰概述

衣裳是我国最早的服装形式。所谓衣裳,《说文解字》称"上曰衣,下曰裳",是区别于上下连属袍制的一种传统服饰形制。上衣同下裳分裁开来单独作件,因而变通与创新的空间更大,在中国历史上数次民族融合中延伸出多种样式。同时,民间衣裳的灵活多变,使其对外来服装潮流的学习与接纳能力相比宫廷衣裳更胜一筹,对民族的情感与个性的表达也更突出。自夏商周起,汉族与他族的文化交流频繁,或通过和平的纳贡,或通过残酷的战争,或为顺应局势的变化,汉族民间衣裳吸收融合了他族的特色与优点进行改良。不同历史时期汉族民间衣裳因文化融合所表现的差别主要为汉族与少数民族之间的服饰文化借鉴,少数民族与汉族之间的相互影响,东西南北不同地域服饰的文化交流等(图1、图2)。衣裳变革中的主动与被动,整体性变革与局部性变革的内在关联,文化变迁中不同的推进因素所产生的不同作用等方面的综合使汉族民间衣裳呈现出以传统服制为中心、款式百花齐放的特殊景象。汉族民间衣裳正是在中华民族历史进程中,民族间不断交往交流融合的艺术结晶,其融合与变迁过程是对中华

图 1　苗族黑缎刺绣无领大襟女上衣(北京服装学院民族服饰博物馆藏)

民族多元一体"和合文化"构成理论的重要物质实证。

图2 汉族宝蓝色三多牡丹纹暗花缎饰回纹绦边女袄
（北京服装学院民族服饰博物馆藏）

二、传统服饰文化的时代价值

新时代，面对新的形势与挑战，传承和弘扬中华优秀传统文化、加快社会主义先进文化建设成为一项重要的时代课题。2017年1月，中共中央办公厅、国务院办公厅印发《关于实施中华优秀传统文化传承发展工程的意见》，提出"到2025年，中华优秀传统文化传承发展体系基本形成，研究阐发、教育普及、保护传承、创新发展、传播交流等方面协同推进并取得重要成果，具有中国特色、中国风格、中国气派的文化产品更加丰富，文化自觉和文化自信显著增强，国家文化软实力的根基更为坚实，中华文化的国际影响力明显提升"的总体目标。

新时代，塑造国家文化形象，打造民族服饰艺术风格，是弘扬优秀传统文化、保护民族文化的重要举措。传统服饰形态及其织造印染技艺、裁剪缝制技艺、装饰工艺等都是极具代表性、不可再生的文化遗产，并且这些服饰形态的使用者、技艺的拥有者和衍生的工具器物等，也都表现出立足于社会生活的使用诉求和美化自身、物品、环境的精神诉求，体现着人类独特的地域审美情趣，是民族民俗文化的典型代表，具有较高的文化和艺术研究价值。在未来，那些富有生命力和创造性的传统技艺因子会造福人类社会生活，因此梳理出民族服饰遗产背后的历史文脉及创新转化路径意义深远，具有极高的历史符号价值。

中华民族服饰文化遗产无疑是中华文明的瑰宝，不仅指导过去，构筑了中华民族服饰的物质和非物质文化基石，而且对今天的现实社会和人民生活具有重要的启发。《关于实施中华优秀传统文化传承发展工程的意见》中提出"实施中华节庆礼仪服装服饰计划，设计制作展现中华民族独特文化魅力的系列服装服饰"的落实策略，号召将历史悠久、底蕴深厚的中华服饰艺术精髓通过设计介入的方式嵌入到人们的生活中，从而打造"艺术、时尚、品质"的新生活范式。简言之，历史性、民族性是中华民族屹立国际之林的根本。传统服饰中的造物设计原则和匠心智慧，是现代时尚产品设计研发的文化滥觞，要深入挖掘中华民族文化遗产内涵，加强服饰设计中的民族元素体现，实现文化赋能，使中国设计成功地与国际时尚接轨，综合提升国家时尚品牌的核心竞争力，并最终形成"中国风格"，提振民族自信心（图3）。因此，研究中华

图3 新中式服装

民族服饰文化遗产对发展民族特色文化产业具有重要现实意义,对促进特色产业文化的发展具有很好的赋能作用,是服务丁现代国民经济和社会发展的良好助剂。

三、汉服的传承、创新与展望

汉服,此两字古已有之,被称为"衣裳""汉衣服"。广义性汉服指代从"黄帝垂衣裳而天下治"以来至今所有包含汉民族特征与出现过的传统汉族服饰,同时也指能够代表中国传统服饰的"华服"或中国人的"民族服饰"。狭义性汉服指汉代至清代之前仅汉民族的传统民族服饰。大众接受度最高的含义是它为独属于汉民族的传统服装,具有独特的汉族文化风格特点,明显区别于其他民族的传统服装或民族服装。

近年来,中国汉服市场规模实现了由1.9亿元到101.6亿元的激增,预计2025年中国汉服市场规模将达到191.1亿元。汉服行业近年迎来高增长主要是由于消费者越发重视精神文明消费,且成长起来的新消费群体对于汉服这类承载传统文化及国家特色的服装有较高消费意愿,加之短视频、社交平台高速发展助推,汉服对消费者的覆盖进一步加速。

由于汉服产业的火热,其衍生产业也迅速拓展。针对正版汉服价格高、货期长、限量发售的问题,衍生出汉服租赁、汉服体验馆(图4)与汉服二手交易市场。汉服是依靠视觉体验冲击而流行的文化,因此汉服妆造、汉服约拍等产业应运而生。汉服的火热带动了相关文化活动和汉服比赛日益盛行(图5),汉服文化活动承办、汉风教育培训等商业模式日渐火爆。

图 4 希音阁汉服体验馆

图 5 十佳设计师张婧楠作品《千里江山》

　　但是从当下汉服产业来看，汉服目前仍然以小规模自产自销等形式为主。此外还存在着汉服工艺复杂导致价格过高、商品样式局限于"少女风"、预售货期过长、山寨问题等发展障碍。汉服行业发展机遇与风险并存，快速形成完整商业模式是重点。这就需要更多优秀的设计师及相关从业者重视传统文化的挖掘与转化，真正做到让汉服成为国人展现自身的文化自信及精神信仰的窗口。汉服的兴起，是传统文化同现代生活交融的示例，传统和现代是可以相互结合的，未来在传承和重视形制等传统元素的基础上适度融入现代服饰理念和元素，将有利于汉服产业的长期发展。

传道重器——中国古代服饰中的设计智慧

—— 蒋玉秋 ——

● 北京服装学院美术学院副院长、教授、博士研究生导师

● 韩国安东国立大学国家公派访问学者

● 《艺术设计研究》编委/栏目主持

一、复原分享——中国古代服饰历史认知

当下对明代服饰的研究中，多以文献或图像研究为主，欠缺基于服饰实物的分析研究。通过对服饰文物的观察、测量、分析等途径，从文物现存"痕迹"中探讨其现状与原貌之间的差异。除了观照文物外在的视觉形象，对文物的物质性外观，如色彩、纹样、形制进行原貌再现，更试图对形成服装形制与风貌的工艺技术进行探索，以期对形成服装外观的非物质性制作技术进行实践再现，如原材料的分析与模拟、原结构的分析与工艺制作等。这项基于服饰实物的技术复原[1]，是以问题为导向，通过破解文物蕴含的技术密码，为更有效地开展文物保护工作提供了严谨的科技支撑，夯实了后续深度进行服饰文化研究的基础。

"梅里云裳"明代服饰形象复原系列作品是根据嘉兴王店李家坟明墓出土服饰进行的形象复原（图1、图2）。墓主李湘因其子李芳中进士而获赠文林郎七品散官之职。在复原作品中，男子头戴黑色纱帽，身穿香色云鹤团寿纹贴里，腰部为细密打褶工艺。女子梳䯼髻，插戴头面，内穿大红团鹤纹竖领大襟衫，双鹤花样胸背为印金工艺；外穿大红云鹤团寿纹圆领衫，胸背为环编绣獬豸花样。这组服饰配伍，呈现了明代嘉靖时期的衣装风貌，并折射出明嘉靖后期的服饰僭越之风。

马王堆西汉墓出土服饰形象复原系列作品（图3），则是以马王堆一号汉墓出土绛红色印花敷彩直裾丝绵袍为原型，应用手绘及植物染的方式，在符合汉代幅宽的基础上进行排板裁剪，对此件直裾袍进行形象外观复原。另一组西汉人物服饰形象复原（图4），以长沙

❶ 包铭新. 西域异服：丝绸之路出土古代服饰复原研究［M］. 上海：东华大学出版社，2007.

马王堆汉墓出土的"冠人俑"及彩绘木俑形象为参考，服装形制为曲裾袍，色彩取《橘颂》中"绿叶素荣""纷缊宜修"之嘉意，以青、橘二色为主。愿岁并谢，与长友兮。

图1　"梅里云裳"明代服饰形象复原系列作品

图2　"梅里云裳"明代服饰形象复原
　　　女装作品

图3　马王堆汉墓出土服饰形象复原女装作品

图4　马王堆汉墓出土服饰形象复原系列作品

二、道器关系——以明代孔府旧藏为例

有明一代自始至终，丝绸服装形制的规律有矩可循，服装的"形"与"制"彼此较量、彼此牵制。狭义的服装"形制"，是专门就物质性的服装本身而言，特指式样、形状。本文将"形制"拆解为"形"与"制"，一是"形而下"之可视的"形"，即明代服装外部式样、内部结构、图案布局、质料色彩配伍等；二是"形而上"之不可视的"制"，即明代服装制度变迁、风俗禁忌、律令约束等。孔府旧藏衍圣公家族明代服装之"形"体现了与明代服装之"制"的顺与逆（图5、图6）。

孔府服装的来源，既有本府自制，亦有皇帝赐服，它们反映了统治者以衣冠"明贵贱，辨等威，别亲疏"的以"礼"治国之道：其"贵"体现在服装本身的材质之美、工艺之精；其"等"体现在朝冠之梁、品服之章；其"亲"则体现在明廷对衍圣公家族的赐服与频率。孔府旧藏明代服装之"逆"体现于其形制"逆于形"。明初各项制度初创时，对带有游牧民族色彩的元代体制给予贬低，如称前朝为"胡元""胡虏""胡逆""夷狄"等。孔府旧藏明代服装的"形"与"制"互为表里，其形式承祖制、显规范，其配伍循礼制、辨等威。从朝廷对衍圣公历年赐服记录中，可以明确看到衍圣公家族在明代的重要地位，即便是新朝伊始，仍循旧例，极力地优礼后裔。这些华美的赐服，表面上是恩渥倍加，代增隆重的荣誉，实则更是彰显国家礼法并重、尊孔崇儒的治世之道。儒家之"礼"讲究服饰与言谈举止、容姿仪表相一致，服饰或敦厚俭朴或华章美饰，都服从于场合的需要与等级的节制。"尽精微而致广大"，物质性的服装背后，体现着精神性的"仁"与"礼"。结合孔府旧藏明代服装本身所传递的物证信息，以及相关文献的书证与图像相互佐证，这些服装以衣载道，再现了明代衣冠的礼治。

图5　第六十四代衍圣公孔尚贤衣冠像（孔子博物馆藏）

图6　第六十四代衍圣公侧室张夫人像（孔子博物馆藏）

三、传道重器——习古创新知行合一

早在100多年前，洋务运动的代表李鸿章就曾有言：中国士大夫沉浸于章句小楷之积习，武夫悍卒又多粗蠢而不加细心，以致所用非所学，所学非所用。无事则嗤外国利器为奇技淫巧，以为不必学……100多年后，他的话在今天同样适用，因为我们面临的同样是中国传统文化如何立足于当下的同一命题。

中国服装史本身的含义远远不简单地等于服装加历史，它应涵盖服装、历史、礼仪、图案、色彩、思想、纺织、文化、技艺等多学科的知识。在信息爆炸的今天，大家接受外来知识的方式往往是集合了感官的、感性的感知，理性的思考以及动手的实践，缺一不可。也因此，更要注重多学科的交叉融合和专业的实践操作。看待中国传统服饰文化，不仅要掌握专业的理论知识，更要关注现实的服装设计实践，既要传承思想，更要传习传统技艺。

如果说"器"是传统服饰技艺，是基础、是支撑，那么"道"则是中国服装设计的终极目标，"取之自然、源于传统"是"道"，"文化创意、中国概念"是"道"，"品位设计、优雅生活"也是"道"。没有"器"的支撑，"道"就会沦为空中楼阁，作为一个成熟的中国设计师应该肩负以上两个层面的责任阐述。

中国传统染织艺术与设计创新

—— 张 毅 ——

- 江南大学设计学院教授、博士研究生导师
- 中国纺织工程学会家用纺织品专业委员会副主任、中国流行色协会教育委员会副主任
- 中国工艺美术学会青年工作委员会副主任

一、中国传统纺织品染色技艺的工艺特色

现存的甘肃敦煌和新疆发现的纺织品，以及日本正仓院部分藏品有重要参考价值。从这些材料分析中可以发现，唐代至少已有三种染缬技术普遍流行，即蜡缬、夹缬和绞缬。[1] 唐宋以来，型染印花成为传统印染业的主流印染方式，在国内一些地区至今仍保留着一些型染传统作坊。除此之外，尚有画缋和凸版捺印等传统印染技巧。就染色技艺而言，这些传统印染都有各自鲜明的工艺特色。

扎染又称绞染、绞缬、扎缬，唐代《一切经音义》云："以丝缚缯染之，解丝成文曰缬"[2]。绞缬是以线缝缀、捆扎纺织品的物理方法进行防染的染花技巧，通常包括捆扎、折叠、缠绕、缝线、打结等方法（图1），使织物产生防染作用，通过染色，织物上显示出花纹。扎染纹样美的灵魂在于纹样边缘染料自然渗化而偶然产生的"晕染"

图1 "绳绞法"扎染

❶ 沈从文. 花花朵朵 坛坛罐罐——沈从文谈艺术与文物［M］. 南京：江苏美术出版社，2002：109.
❷ 郑巨欣，朱淳. 染缬艺术［M］. 杭州：中国美术学院出版社，1993.

效果，擅长表现色彩灵动的几何与抽象纹样。

蜡染是以蜡为防染剂，用笔或蜡刀等绘图器材在布上绘制防染纹样（图2），再进行染色的染花技巧，蜡染可以染出规则完整的具象纹样，创作者能够得到与预想中非常接近的纹样，而不会像扎染在染色中出现那样多的"偶然"，因而蜡染较容易"控制"纹样。

夹染又称夹缬，其工艺非常繁复，是以若干相同纹样的雕花木版（图3），按一定纹样规则夹紧布料以达到防染印花的目的。夹染作品纹样精美细致，有类似版画作品的画面效果。

型染在古代有多种类似的工艺与不同的名称：浆水缬、药斑布、浇花布、瑶斑布，其染花原理相同。蓝印花布是型染中影响最大、流传最广的传统染花技巧，其优点是纹样清晰便于复制，缺点是单一的靛蓝几乎没有办法套色。

"画缋"其实就是古代人民在纺织品上描画花纹的技法，即今天的"手绘"。古代的礼服，下裳用刺绣装饰，上衣则用绘画装饰，称为"画""会"或"缋"。❶1972年，长沙马王堆汉墓出土的彩绘帛画等纺织品实物，可以清晰地看到精美的手绘纹样（图4）。手绘在今天的高级时尚纺织品领域仍然有相当大的价值。

凸版捺印是以单独纹样印模蘸色后在纺织品上，以一定规则印花的传统印染技巧。周代以后继起秦汉，以凸版捺印为代表的印花工艺开始出现，这是一种利用凸纹的模型印版，蘸取具有黏合性的颜料于凸纹正面，再以钤盖图章的方式，

图2　王方周所制蜡刀

图3　民国·戏剧人物纹蓝夹缬木版（北京艺术博物馆展）

通过压力直接将印版上的色彩转移到织物表面❷，这是一种古代应用相当广泛的印染技艺。如英藏《说法千佛图》就是在木雕水墨捺印后再涂色，形成今日所看到的彩色效果（图5）。

❶ 黄钦康. 中国民间织绣印染［M］. 北京：中国纺织出版社，1998：64.
❷ 郑巨欣，朱淳. 染缬艺术［M］. 杭州：中国美术学院出版社，1993.

图4 马王堆1号汉墓T型帛画（湖南博物院藏）

图5 《说法千佛图》（大英博物馆藏）

二、传统手工印染纺织品的审美价值

美作为感性与理性、形式与内容、真与善、合规律性与合目的性的统一，与人性一样，是人类历史的伟大成果。❶传统印染作为一种有近两千年历史的传统文化，有着丰富的文化内涵与审美价值。扎染（绞缬）、蜡缬与夹缬称为三缬，与型染、画缋、凸版捺印等传统印染技艺受到中国古代社会各阶层人士的欢迎，历代文人墨客对染缬亦多有溢美之词和具体描述。"李适'细缬全披画阁梅'；苏舜钦'神迷耳热眼生缬'；白居易'黄夹缬林寒有叶'……陶毅《清异录》称：'显德中创尊重缬，淡墨体，花深黄。二部郎陈昌达，好缘饰，家贫，货琴剑作缬帐一具'"，❷可见染缬制品受到各阶层人们的喜爱。作为实用传统印染艺术，染缬与中国的其他传统艺术一样符合中国人的审美观，与同是平面艺术的中国画相比较，传统印染艺术也"师法自然"追求"以形写神"，如扎染中所谓"鱼子缬""鹿胎缬""菊花纹""柳叶纹"无一不是从自然中获取的具体形象，通过绞缬的纹样处理均获得荆浩主张的"度物象而取其真"的美学境界。由于传统印染具有染色较难控制的特点，传统印染通过染色更易出现意想不到的偶然效果，这是其有别于其他平面艺术的长处，当然控制失误则另当别论。

目前，传统印染作为一种传统制作艺术依然具有旺盛的生命力。现代社会中从城市到乡村，大到窗帘、床上用品、服装，小到丝巾、手帕、领带、皮具、饰品，仍可见到一些传统印染的身影，其中固然有传统印染制品外在形式美的因素，亦有其内在的原因。

三、传统印染在现代纺织品设计中的应用前景

传统印染技艺重新恢复其在时尚纺织品消费市场的活力，关键并非产品价格，而是产品市场定位。

❶ 李泽厚．美的历程［M］．北京：中国社会科学出版社，1984：267.
❷ 沈从文．谈染缬——蓝底白印花布的历史发展［J］．文物，1958（9）：47.

传统印染纺织品由于其基本上是完全的传统制作，应当定位为纺织品消费市场的高端产品，否则无法在激烈的商品经济中立足。那么要使定位在高端的传统印染纺织品物有所值，并能在与其他时尚纺织品的竞争中立于不败之地，应该从两个方面着手对传统印染进行改进并创造新的传统印染形式：其一是赋予传统印染纺织品强烈的时代特征；其二则为改进传统印染纺织品的制作技艺使其质量可靠并降低成本。

探讨传统印染技艺在现代纺织品设计中的审美价值与局限，就是要重新焕发传统印染技艺的艺术生命。虽然传统印染技艺在工业化时代几乎已经被现代印染技术所替代，传统印染技术也不再是纺织品印染的主流技术，但是纺织品面料发展的历程已经证明，传统印染技艺仍然充满着活力，以传统制作为特征的传统印染并不会过时。传统印染时尚面料设计注重设计观念的创新与现代纺织技术的应用，将传统印染技艺融入现代时尚纺织品设计与开发中的应用实践中，传统印染时尚面料在时尚纺织品中仍可继续占据独特的地位。

服饰色彩设计的内涵

—— 潘春宇 ——

- 江南大学设计学院副教授、硕士研究生导师
- 中国纺织教育学会服装与服饰专业指导委员会副理事长、中国高校数字艺术专业委员会理事
- 中国流行色协会教育专家委员会委员

一、色彩设计文化的历史性

战国中期的思想家、哲学家、文学家庄周提出《庄子·天地》："夫失性有五：一曰五色乱目，使目不明……"，说明此时的色彩使用出现了"去繁就简"的主张。战国末期的阴阳家邹衍提出比较成熟的"五行相生相克"的观念。丰富的色彩被提炼为"红、黄、蓝、黑、白"五个基本颜色，并与其他物质与精神认识相对应。可见，五行观念来源于生活，也是生活的理想化。在今日，从保留的大量战国时期楚地遗风的西汉马王堆遗迹和文物中可管窥其具有的显著色彩符号意义。

色彩美与丑的衡量标准有很多，其一是以稀少为美，如玉、石之美者，有五德，分别是润泽以温，仁之方也；䚡理自外，可以知中，义之方也；其声舒扬，专以远闻，智之方也；不挠而折，勇之方也；锐廉而不忮，洁之方也（图1）。其二是以清雅为美，古人常将品性与色彩挂钩，不同社会地位的人，逐渐形成自己的审美趣味，色彩也就有了贵贱和雅俗的说法。一部分人认为美的颜色，成为另一部分人的丑。例如，胭脂，在《说文解字》释作"燕脂"，或作"燕支""臙脂""烟支"等，是深受女性欢迎的化妆品，但是也是庸俗的代名词——庸脂俗粉。其三是以朴素为美，如中华人民共和国成立初期大家的穿着都体现出简洁朴实的特点（图2）。除以上三点衡量标准以外还有很多，如以艳丽为美、以纯净为美、以民俗为美、以时尚为美等，在此不再一一展开，但其反映出的共同特点就是复杂的色彩观念在时空中交叉、互动。

图1 商·龙形玉玦（中国国家博物馆藏）

图2 中华人民共和国成立初期女性服饰

二、中国传统色彩文化个案

《说文》记载，"青，东方色也。"在传统五行系统中，青色是一种吉祥的色彩，它对应于东方、春天、木、龙、肝脏，代表着万物生长，是生命的象征，在传统五种色彩中排名第一，占有非常重要的地位。《荀子·劝学》："青，取之于蓝，而青于蓝。""蓝"是一种做染料的植物，染出来的颜色就是青，后用为蓝色之意，因此，在古典诗词中，在表示蓝色时不用"蓝"字，而用"青""碧"等表示。如李白的《蜀道难》："蜀道之难，难于上青天。"蓝色是中华民族日常生活中最熟悉和最普及的颜色，即普罗大众的衣物常服色。在中国最古老的诗集《诗经》中有这样的记载："青青子衿，悠悠我心……青青子佩，悠悠我思。"说明，民间百姓以青为饰的喜好由来已久。青、蓝色作为中国文化中强烈的民族色彩符号不仅为百姓所喜爱，更受到了文人画家的青睐。唐代诗人白居易在《元九以绿丝布、白轻绒见寄》中描述"绿丝文布素轻褕……衫色青于春草浓"。

"中国蓝"在中华民族的历史发展演变过程中更实现审美意义上的升华。一方面，蓝色比较适合中国人的皮肤，黄种人的肤色可以在蓝色的映衬下显得更加清透和白皙。清代李渔在《闲情偶寄·声容部》中指出不同肤色深浅、不同年龄、不同身份的中国人都适合服用蓝色，说"然青之为色，其妙多端……脱去繁华之习，但存雅素之风"❶，评价甚高，极力推崇。另一方面，在色彩审美上，这种民族性格与青蓝色内在的稳定、宁静、内敛、含蓄恰好相对应，形成精神上的共鸣。

在人类社会发展中，经济和文化是社会历史发展的两翼，经济是文化的基础，决定文化的发展，文化又是经济的上层建筑，影响着经济的历史发展，人类历史发展的每一个进步，都是经济与文化的协同进化。这种经济与文化交互同构的关系，突显了"中国蓝"传统文化形态下商业价值研究的重要性。借

---

❶ 王兴业，李焰. 试析蓝印花布制作工艺中蕴含的民间造物观念［J］. 纺织学报，2011，32（12）：119-123.

用现代符号学理论研究这一现象，从"符号的最主要功能——亦即将经验形式化并通过这种形式将经验客观地呈现出来以供人们观照、逻辑直觉、认识和理解的重大功能"。❶结合符号学原理对"中国蓝"符号体系做进一步分析，就不难发现其整个系统的符号意义的生成机制，不同于其他符号系统。

符号学家罗兰·巴尔特认为，外延意味意义的第一序列：能指即符号本身，所指则是所要表达的内容。符号能指对文化的展示：从表现内容看，无论是浙江卫视的"中国蓝"台标（图3），还是奥运核心图形祥云纹，抑或包装，抑或设计元素中的表现，以独特的色彩符号形式，赋予品牌新颖生动的视觉效果，添加了品牌的文化附加值。在2008年北京奥运会期间，青花装饰元素在礼仪服装和公园、地铁站、宣传车等公共艺术区域反复运用（图4），成为视觉符号并产生巨大影响。

"中国蓝"色彩符号体现了中华民族的含蓄之美。从含蓄的本意看，是隐而不露、藏而不显，是内敛的、不声张、不外露，是"随风潜入夜，润物细无声"的一种境界，是一种处世之态。然而，设计中的含蓄并不是完全意义上的"隐"，更多时候是为了更好地"露"，勾起人更幽深、更玄远的忧思；"藏"是为了更好地"显"，显出那更丰富、更感人、充满内蕴的世界。❷蓝印花布仅用蓝与白两色，色彩鲜明，对比强烈，于素雅中散发出独特的色彩魅力，这种与众不同的含蓄之美与张扬之美形成对比，却更受中华民族的喜爱。含蓄是一种深厚的"隐"传统文化内涵的体现。在"中国蓝"色彩设计中，融入对传统文化精髓的继承和发展，给设计作品增添了文化附加值。

图3 浙江卫视蓝色台标

图4 2008年北京奥运青花装饰应用

❶ 苏珊·朗格. 艺术问题［M］. 滕守尧，朱疆源，译. 北京：中国社会科学出版社，1983.
❷ 陈莉. 论设计艺术中的含蓄之美［J］. 装饰，2006（7）：104.

中国传统服饰设计创新

—— 吴 欣 ——

- 江南大学设计学院副教授、硕
  士研究生导师
- 国家级大学生创新创业训练项
  目指导教师、非物质文化遗产
  传承人刺绣衍生品项目培训
  导师
- 江南大学纺织教育基金会会员

中国传统服装形制大体有两大类：一是上衣下裳制，二是衣裳连属制，这两大类服装形制贯穿了整个中国服饰发展史。其中衣裳连属的"袍"的形制自黄帝尧舜禹时期就已出现，《中华古今注》中记载："袍者自有虞氏即有之，故国语曰袍以朝见也。"《周礼·天官》中王后贵妇的"六服"，以及盛行于春秋战国时期的"续衽钩边"的袍式礼服——深衣，都可以看作是中国传统袍服发展的开端。深衣在历史上经历了春秋战国、两汉、魏晋的适时变化，演变成唐的襕袍（图1），元的辫线袄、质孙服，明的曳撒，清的旗人袍服，民国以后的长衫、长袍，以及现今成为中国国际名片之一的旗袍，这些都是中国传统袍服形制随着历史的进程而演变发展的观照。

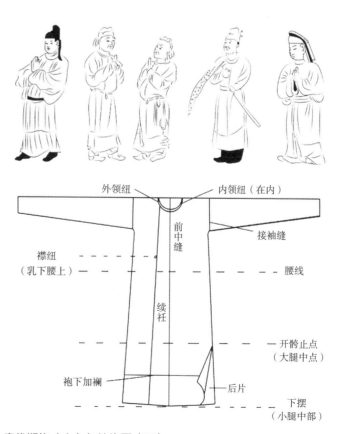

图 1 唐代襕袍（上）与结构图（下）

秦始皇 "兼收六国车旗服御"，服制也本于战国。西汉承袭秦制，大体沿袭深衣形式，东汉时建立了儒家学说体系的官服制度，袍服由西汉时期的曲裾过渡到直裾形式，这一时期也是袍服逐步走向成熟的时期，在传统袍服演变史中起着承上启下的作用。秦朝袍服的特点为交领、多为右衽、无收腰、腰间系带、无开衩、窄袖，衣缘及腰带多为彩织装饰，花纹精致。汉承秦后，多因其旧，大体上保存了战国、秦代的遗制。汉时期实行深衣制，特点是 "蝉冠、朱衣、方心、田领、玉佩、朱履"，所服总称 "衣"。"衣" 是外层单衣，内有中衣、深衣。汉书《汇充传》中说："充衣纱縠禅衣。" 官、民之衣在形式上没有差异，只是在原料和颜色上显示等级的不同。汉代袍服基本有两种类型，即曲裾和直裾。曲裾开襟从领曲斜至腋下；直裾开襟是从领向下垂直，又称为 "襜褕"。汉代深衣形制无论男女，穿用极为普遍。❶

魏晋南北朝时期出土的服饰实物资料较少，但在绘画、壁画等艺术作品中也能发现那时的着装形态。魏晋名士在老庄思想的影响下，追求自由，在服饰上出现了不同于汉朝的大袖袍衫、交领直襟、长衣大袖、袖口宽敞不收缩。因穿着方便，又符合当时兴起的思潮，所以相习成风，在全民中开始普遍流行。

唐朝的袍服跟以前相比没有根本性的改变，款式逐渐简单起来，长袍成了最常见的衣着。此时的袍服袖子较细窄，襟裾较短，仅及踝部，甚至有些短袍仅过膝部，衣身较紧凑，采用圆领或大翻领。这样的袍服节省原料，活动也很方便，所以在社会上流行较快较广。圆领缺胯袍是唐代典型的胡服汉化服装，形制为圆领、直裾、左右开衩，又称四襈衫，这种左右开衩的袍服形制源于游牧民族骑马的功能需要。襴袍又称襴带，官吏、士人所穿之袍，是唐朝的常服（图1）。形制为圆领窄袖，袍长过膝，膝盖处施一横襴，以象征衣裳分制的古代服制，初见于北周，至唐形成制度，以后历代沿用。衣服前后身都是直裁的，在前后襟下缘各用一整幅布横接成横襴，腰部用革带紧束，这种款式便于活动。

宋元时期是五代十国后从局部统一到大一统的两个特色鲜明的朝代，服饰制度完善，等级森严。这一时期也是袍服的成熟期，对后世袍服的发展产生了深远的影响。在服装上的差异也突显了中原农耕文明和北方游牧文明的差异。宋代时，袍服的演变已经开始呈现多元化的趋势，不同人群穿着不同的袍服，而且不同场合所穿袍服也有了更细致明确的划分。如福州南宋黄昇墓出土紫灰色镶花边窄袖袍，形制为直领，对襟，加缝衣领，襟上无纽襻或系带，两侧腋下至底摆边开衩，长过膝（图2）。元代时，广大汉族平民仍然保留了宋代的衣冠服制，如山西右玉宝宁寺的元代水陆道场画中市井人物身上的服饰。

明代袍服远承唐制，近袭宋制，又受元代袍服影响，是文化传承与发展、游牧民族与农耕民族进一步融合的产物。以款式为依据可以将明代的袍服归纳为大袍、短褐袍、顺褶、对襟袍、衬褶袍、贴里、曳撒、道袍、直身、行衣、深衣、盘领窄袖袍、盘领右衽袍等十多种，民间袍服有圆领右衽袍、交领大襟袍等。从形制上看明代袍服最显著的特征是领型以盘领或交领为主，如依据孔府旧藏服饰所绘款式图（图3）。交领袍衣襟为大襟右衽，袍身以上下通裁为主，宽身，系结方式为系带，罕有系扣，袍服两侧开衩，下摆为直摆或圆摆；明朝官袍最突出的特征就是官服之袍以盘领为主，士人便服之袍以交领为主，其他领型还有圆领、斜领、直领、合领、立领等。

---

❶ 袁杰英. 中国古代服饰史 [M]. 北京：高等教育出版社，1995：53-60.

清代由于统治阶级的推行及流行元素的影响，迎来了袍服的鼎盛时期。清初袍服尚长，顺治末减短于膝，后又加长至踝上。同治年间比较宽大，袖子宽一尺有余，光绪年间亦如此。至甲午、庚子后，变成极短极紧之腰身和窄袖。窄几缠身，长可覆足，袖仅容臂，形不掩臀。此是清末男子袍衫的时尚趋向。满族入关妇女所着均为交领长袍，但不左衽，后逐渐变为大襟，衣领为圆领或立领（图4）。入关初期，旗袍的上身较瘦，下摆则很宽大，袍袖于肩部略宽，至袖口处渐窄，立领较低或为圆领，大襟右衽。后来下摆渐宽，衣袖加宽，立领加高，领缘、衣缘及袖口喜镶宽大花边，多精致刺绣。若是两侧开衩，则在前后衣片的镶边上加饰云头。清代袍服的整体特征为：除朝服袍外，其他袍服均是连体通裁，是礼服的重要组成部分，尤其女袍在礼服中的地位提升到了前所未有的高度。

清后期，一般男子服饰有所谓京样：高领长衫，腰身、袖管窄小，外套短褂、坎肩（背心），头戴瓜皮小帽（图5），手持"京八寸"小烟管，腰带上挂满刺绣精美的荷包、扇袋、香囊等饰物，这是当时的时髦打扮，很多地主商人就是如此装束。❶清末期，随着外来文化的侵入，关于袍服

---

❶ 沈从文，王㐨. 中国服饰史［M］. 西安：陕西师范大学出版社，2004：153−154.

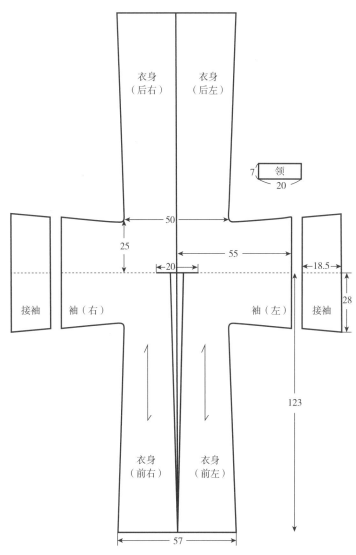

图2　宋代紫灰色镶花边窄袖袍（上）与结构图（下）

的各种繁复规定也渐渐简化了，之前常用的五彩织绣面料、袍服面料也逐渐被素色暗花取代，清朝常见的圆领长袍款式基本被立领取代，清朝常见的箭袖及袖的种种装饰之法，也渐渐弃之不用。

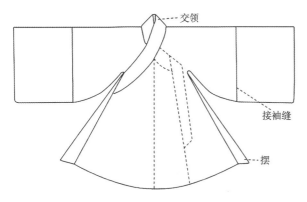

图3　明代交领袍服款式图（左）与盘领袍服款式图（右）

图4　清·青地纳纱绣八团花卉纹短袖女袍（苏州丝绸博物馆藏）　　图5　清末男子便装

中华文化的设计智慧

—— 周 锦 ——

● 山东省服装设计协会会长、中
国十佳时装设计师

● 山东太阳鸟服饰文化教育董事
长、中国国际华服设计大赛总
策划

● 2022年意大利"金顶奖"获
得者

一、华服概念与中华文化

"华服"，是指具有中华民族历史文化基因、精神风貌，且融合当代审美的礼仪性服装，其服装风格根植于中华传统文化，传承中华民族特质，体现当代社会积极向上的时代精神，具有鲜明的辨识度，适用于国际交往、文化交流、商贸往来以及日常节庆、典祭等礼仪场合。

中华文化的历史脉络主要有四个坐标时期，分别为先秦思想、两汉经学、魏晋玄学和宋明理学，其文化特质是体现内圣外王的天人合一的中庸思想。达到这一文化高度的路径就是格物、致知、诚意、正心、修身、齐家、治国和平天下。其中，格物则是中国智慧实践的脉络。格物的意思是穷究事物的道理：格，至也；物，犹事也。穷至事物之理，欲其极处无不到也。格物智慧的方法主要涵盖了"阴阳"——中国哲学的核心基础，"五行"——中国文化的结构，"天人合一"——中国文化的命脉三个方面，其中阴阳、五行是中国文化对自然界势能展示的表达。

二、华服设计智慧

据《吕氏春秋》载："孟春之月……天子居青阳左个，乘鸾路，驾仓龙，载青旂，衣青衣，服仓玉，食麦与羊，其器疏以达。"就是说，正月天子居住于明堂东部青阳的北室，乘有鸾铃车子，驾青色大马，车上插青色绘有龙纹的旗，穿青色衣服，冠饰和所佩玉均为青色，食物是麦和羊，所用器物、镂刻的花纹粗疏，而且是由直线组成的图案。

夏季，天子衣、食、住、行、用作如下改变："孟夏之月……天子居明堂左个，乘朱路，驾赤骝，载赤旂，衣朱衣，服赤玉，食菽与鸡，其器高以粗。"就是说，初夏（四月），天子居住在明堂南部的东侧室，乘朱红色车子，驾赤色马，车上插挂有铃铛的赤色龙纹旗帜，穿朱红色衣服，冠饰和佩玉均为赤色，食物为豆类和鸡，所用器物高而粗大，穿衣款式同样据此势能文化。

秋季，天子衣、食、住、行、用作如下改变："孟秋（七月）……天子居总章左个，乘戎路，驾白骆，载白旂，衣白衣，服白玉，食麻与犬，其器廉以深。"就是说，孟秋七月时，天子居住在明堂西部总章的南室，乘兵车，驾白马，车上插白色龙纹旗，穿白衣，冠饰和所佩玉均为白色，食物是麻籽和狗肉，所用器物有棱角而且深。

冬季，"天子居玄堂左个，乘玄路，驾铁骊，载玄旂，衣黑衣，服玄玉，食黍与彘，其器闳以奄。"就是说，孟冬十月，天子居住在明堂北部玄堂的西室，乘黑车，驾黑马，车上插黑色龙纹旗，穿黑衣，冠饰和佩玉均为黑色，食物是黍米和猪肉，所用器具中间大而口小。

三、华服设计案例

1. "四神" 服饰设计

"四神"服饰系列设计借用了中国"天人合一、与时偕行"的文化，将中国的"四神"运用于服饰的设计中，即青龙、白虎、朱雀、玄武（图1）。通过梅、兰、竹、菊的工笔画刺绣旨在表达自身文化，表达着期望中华民族早日解除疫情、祝福人民平安吉祥的美好祈愿，同时，梅、兰、竹、菊所体现的君子风骨代表有骨气的中国人和中国医药中的四物汤、四神汤、四君子汤，这是一个设计师对人们美好生活的祝福。并且，七十二候服饰的用色、用料、用途也均有古籍记载。

2. 二十四节气时令服设计

春要青，夏要红，秋要白，冬要黑，四季要用黄，此天时气色也。二十四节气与天干、地支、五行、五色息息相关。干支用色是五行相生，是二十四节气中的诀窍所在，也就是人们所说的起色、活色、时色、幸运色，都与此密切相关，如乾为金，兑为白，离为红，震为青，巽为蓝，坎为黑，艮为棕，坤为黄。将五行、五色、天

青龙

白虎

朱雀

玄武

图1 "四神" 服饰系列设计作品

干、地支运用于二十四节气的服饰设计中，不仅用了五行色，更是具体到了天干地支的色彩设计中，践行"易、艮"的凡益之道与时偕行。这是中国文化"天人合一"的智慧引领，是将中国传统的文化运用于百姓的日常生活中。因此，二十四节气的时令服设计中倡导引用了古人穿着对应节气的时令服来祝福人们美好的生活。

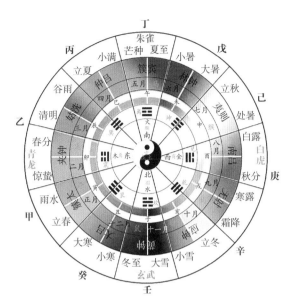

图2　中国文化色彩图

二十四节气时令服的整套设计选用了中国特有的色彩体系，形成独特的色相环（图2），四季分明而又互相衔接。在色彩明暗度的设计中，因整个设计制作的时间是在面对疫情心态有所波动的时期，所以在设计中特别选用高明度的色彩，以期带给人们愉悦和阳光的心态。同时，设计又特别强调色彩是随着时代的变化而变化的，比如过去的清明节气是清净明洁之意，而近代清明节逐步演变成了祭祀先人的一个特殊的节气，在色彩设计中选用低明度的绿色，以表达人们对祖先的尊敬；又如夏至的节气设计，特别选用了骄人的、愉悦的粉色，其红白相调的粉色代表着夏至一阴生的寓意，特别强调出色彩也是随着时代的变化而有所改变（图3）。

清明（左1）、夏至（左2）、小雪（右1）、处暑（右2）

图3　"二十四节气时令服"系列设计作品

就服饰的造型设计而言，特别借鉴了中国历代华服的款式。宽衣大袖、百褶、褙子等，力争款式丰富而互相气韵相合，在整套服饰的花型设计中，汲取了明代文人约定俗成的二十四节气花的创作灵感，采用了工笔的画法。花型的位置、造型、色彩根据不同的节气而设置了不同的位置，如同不同的节气养生的方法不同，舞蹈不同一样之道理，反映出中国文化、百姓日用之文化和奥妙的所在，中国古代文人的生活是雅致而富有诗情画意的。

中国传统纹样与创新设计

── 章 洁 ──

- 江南大学设计学院副教授、硕士研究生导师
- 江苏省文化产业学会理事、无锡市工业设计协会会长
- 中国工业设计协会信息与交互设计专业委员会高级会员

中国传统纹样种类繁多：日月星辰、珍禽瑞兽、花鸟虫鱼、山水人物，图形文字等尽在其中，内含瑰姿艳逸的气韵和深邃久远的文化，在表现形式及工艺技法上也是变化无穷的：或织金妆花，或圈金掐牙，或描龙绣凤，或纳锦穿花……细看活色生香、尽态极妍。可以说每一笔别出心裁的勾勒，每一幅生动精巧的纹样，背后都有着耐人寻味的韵致。

一、十二章纹

历史上，最早对十二章纹有全面记载的文字见于《尚书·益稷》："予欲观古人之象，日、月、星辰、山、龙、华虫，作会（绘）；宗彝、藻、火、粉米、黼、黻，缔绣，以五采彰施于五色，作服。汝明。"从中可知，十二章纹分别对应了日、月、星辰、群山、龙、华虫（彩羽雉鸟）、宗彝（宗庙礼器，分别饰虎、猿的对尊）、藻、火、粉米、黼（黑白斧子）和黻（两兽相背形）十二种图案。其中日、月、星、龙是为天之象征，山、华虫、宗彝、藻、火、粉米、黼和黻是为地之象征。

西周时产生十二种纹饰，东汉时确立为帝王专属，隋代确立了每个章纹在龙袍上的固定位置，明代维持了十二章纹的规制，清代十二章纹地位下降。十二章纹中一种纹饰即为一章，以刺绣或手绘的方式施于服装的特定部位，后期在工艺、面料的选择上也用缂丝和提花织物。值得注意的是，秦汉以前，十二章纹只是服装上的吉祥纹饰，并不代表服饰的等级制度。

二、几何纹样

席纹，古代陶器纹饰，是陶坯未干时放在席子上印出的席子编织印痕，多见于器物底部。席纹的印痕通常较深，印纹清晰，呈"十"字叉形，经纬互相压叠，排列紧密。后来席纹从陶器装饰领域扩展到其他领域，如服饰、剪纸、壁画、瓷器等，出现了大量做工精美的席纹工艺品。典型的席纹有半坡遗址出土陶器上的扁平人字形席纹、圆条和扁条垂直交错的席纹等（图1）。

云雷纹有拍印、压印、刻画、彩绘等表现技法，在构图上通常以四方连续或二方连续式展开。出现在新石器时代晚期，可能从旋涡纹发展而来。至商代晚期，云雷纹已经比较少见，但在商代白陶器和商周印纹硬陶、原始青瓷上，云雷纹仍是主要纹饰。商周时代云雷纹大量出现在青铜器上，多作衬托主纹的地纹（图2）。到了汉代，随着青铜器的衰退，陶瓷器上的云雷纹也消失了。

蒲纹，即蒲席的纹样，由三种不同方向的平行线交叉组织，用浅而宽的横线或斜线把玉器表面分割成近乎蜂房排列的六角形的纹样，六角形有时还琢有阴线的谷纹。《说文解字》解释"蒲"为"蒲草，可为度也"。从古人"席地而坐"的蒲席而来，也是和人类的日常生活息息相关。后人将这种雕琢排列有序的纹饰称为蒲纹。

图1　新石器时代·席纹陶钵底部印痕（中国国家博物馆藏）

三、动物纹类

龙纹中的龙是以有呼风唤雨等功能为意象基础并结合某些动物（蛇、鳄、鱼、鹿、鹰等）的特征想象出来，为四灵（亦称四神）之一。在神话中，中华民族的始祖伏羲、女娲也具有龙的某些基本特征——"蛇身"。龙是吉祥、尊贵、权威的代表。故历代帝王自称"真龙天子"，以博取臣民的信奉和崇敬。在民间，人们把龙看成是神圣吉祥之物，是中华民族的象征。

凤纹中的凤是古代神话传说中百鸟之王——凤凰的简称。据说，凤是能给人带来和平与幸福的瑞鸟。世人以为凤鸣声如箫，不啄活虫，不折生草，不群居，不去淫秽处，无罗网之难，非梧桐不栖，非竹食不食，非醴泉不饮，飞则百鸟从之。凤是人们综合某些动物的特征想象出来的，其形状各时期不尽相同。由于凤飞则群鸟慕而从其后，与人世中君臣之道相合，便寓其为明君之威德。凤曾经是封建王朝帝后贵妇的象征，至元、明、清时期民间也常见，常用于瓷器、婚服或纺织品中（图3）。

图2　西周·云雷纹青铜钟（中国国家博物馆藏）

图3　清·青花双凤纹盘（中国香港苏富比拍卖款）

鹤纹中的鹤在古代传说中是仙禽，有神人驾鹤飞升的意思。鹤还被认为是"开生之候鸟"，代表生命。因此，鹤是长寿的象征。鹤又象征情操高尚，不与世俗同流合污。鹤鸣之士以前指未出仕且有名望之人。鹤为羽族之长，雅称一品鸟，地位仅次于凤，图样为明清时期一品文官公服补子纹采用，即所谓"一品当朝"（图4）。

图4　清·团鹤纹刺绣补子（美国宾夕法尼亚大学博物馆藏）

四、植物纹样

忍冬纹中的忍冬是一种蔓生对节出叶的药草，凛冬不凋，故名"忍冬"。三四月开花，初开为白色，后转为黄色，所以也叫"金银花"。忍冬纹则是由忍冬草发展而来的植物图案，代表了容忍、坚毅的品性，故而出现在陶瓷等器物、佛教图案及服装花纹上（图5）。忍冬纹于东汉末期随着佛教传入中国，盛行于南北朝时期，在唐代发展成中国特色的卷草纹。

卷草纹盛行于唐代，所以又叫唐草纹。由忍冬纹发展而来，并不是以自然界某一种植物为具体对象的，而是云气形式的具体化表现。有植物茎连续波卷，以波状线与切圆线相组合，向两个相反的方向波卷，组成S形枝蔓连绵的纹样，多见于建筑装饰、染织品、家具陶瓷等图案上。

此外还有，瓜代表丰收和生活的美好，又象征生男与女、子孙满堂，大曰"瓜"，小曰"瓞"。女性服饰上常常绣瓜瓞，或瓜绵，蕴含了子孙昌盛繁荣、瓜瓞绵绵的意义。葫芦图案通常用于新婚礼服上，表达对美满婚姻的美好祝福，亦因葫芦串多、籽多，被形容为"葫芦万代"（图6）。莲生贵子即"连"生贵子，是民间常用的吉祥图案，因莲多子，又与连同音，故有多子寓意。

图5　唐·白玉忍冬纹八曲长杯（陕西历史博物馆藏）

图6　明·金地缂丝葫芦灯笼仕女纹袍料（北京艺术博物馆藏）

对话古今之汉服再设计

—— 邢 乐 ——

- 江南大学设计学院副教授、硕士研究生导师

- 美国路易斯安那州立大学访问学者、香港理工大学访问学者

- 中国流行色协会色彩教育专业委员会第三届委员会委员

一、从古代绘画艺术看唐宋服饰

1.《簪花仕女图》所见服饰

《簪花仕女图》主要描述了春夏之交，五位宫廷贵妇和一位侍女在园中进行观鹤、赏花、戏犬等一系列的休闲娱乐活动的场面（图1）。从右往左数第二个人物身穿朱红色抹胸长裙，在抹胸长裙上均匀地分布着绿紫色的大团花朵图案，显得格外亮丽，透明的纱罗衫罩为抹胸长裙增添了几分神秘感。该人物服装的主色调为红色，以朱砂红为主色，搭配胭脂红、海棠红、桃红、粉红等，使整体配色热情而不失唯美、丰富而不失和谐。红色本就给人以喜庆吉祥、热烈奔放之感，用在画中人物身上更添高贵与华美之感。总体而言，整幅画面以及人物都雍容华贵、衣香鬓影，极具南唐五代颓废奢靡之感。

2.《汉宫春晓图》所见服饰

在《汉宫春晓图》中，通过服饰可判断画卷中人物社会地位的高低（图2）。官阶较高的贵妇服饰色彩艳丽、刺绣繁缛，而官阶等级较低的妇人服饰设色朴素淡雅。据《东京梦华录》载："娶妇……其媒人有数等，上等戴盖头，着紫褙子。说宫、亲宫院恩泽；中等戴冠子、黄袍、褙子……皆两人同行。"可知在北宋晚期褙

图1 唐·周昉《簪花仕女图》

子已经是女性的日常服饰。画中人物服饰可大致分为三类，第一类是官阶较高的宫妃，身着对襟直领窄袖褙子或交领褙子，长裙高系于胸上，用彩色的带子打结系住，腰间两侧系着类似中国结的饰物，肩上披着彩色绣花的披帛。第二类是身着素色圆领窄袖长袍的宫婢，腰间系着抱肚，下身穿暗花长裙。第三类是男侍从头戴官帽，身穿素色圆领窄袖长袍，袍子腰间两侧开衩，红色腰带系于腰间，脚蹬长皮靴。

图2　明·仇英《汉宫春晓图》

3.《都督夫人礼佛图》所见服饰

唐代女装最典型的形制是上襦下裙，妇女以丰腴的体态为美，在服饰上也从纤瘦的形制向宽松过渡。《都督夫人礼佛图》中出现的"襦"为衣袖宽大的上衣，襦的领型为 V 型领，"裙"都较肥大宽松，颜色也比较鲜艳。太原王氏与其二女均着较宽大的团花襦，披半臂，太原王氏身穿石榴红裙，绿色的锦带垂在胸前，有轻薄的披帛。女十一娘与女十三娘分别着绿裙、黄裙，身着披帛。

在唐代，整体的社会风气较开放，女性可以广泛涉猎多种多样的文体类的活动，穿着上也有各色式样。唐代女子所着"半臂"的衣袖仅为长袖的一半。穿着方式是穿在襦之外，里边的衣服比外边的衣服长，这种穿法可以起到修身的作用。《都督夫人礼佛图》中太原王氏及其二女均是此种穿法。太原王氏身穿红底蓝花的半臂与绿底红花的襦袄，女十一娘身穿黄底红花的半臂与红色襦袄，女十三娘身穿绿底黄花的半臂与白底红花的襦袄。整体色彩协调，且半臂很好地起到了修身作用。"披帛"则是一种披在肩上、穿在襦外边，材料通常为轻薄的纱罗，上面或印花，或加泥金银绘画的服饰形制。在《都督夫人礼佛图》中的太原王氏及其二女的披帛就是一种长度较短、横幅较宽的形制，在系法上为在中间打一个结，并在胸前固定。

二、贯穿中华文明的文化根基——"礼"

中国是传承千年的礼仪之邦，声教播于海外。在三千年前的殷周之际，周公制礼作乐。其后经过孔子和七十子后学，以及孟子、荀子等人的提倡和完善，礼乐文明成为儒家文化的核心。《仪礼》《周礼》《礼记》先后被列入学官，不仅成为古代文人必读的经典，而且成为历代王朝制礼的基础，对中国文化和历史的影响深远。随着东亚儒家文化圈的形成，礼乐文化成了东方文明的重要特色。要了解中国传统文化，就必须了解中国礼仪文化。

1. 诞生礼仪及服饰习俗

人生礼仪服饰是指民间百姓在生、婚、丧、祭等活动中穿着服饰的总和。以礼俗活动为中心，礼仪服饰作为一种媒介，将人与社会、民族、国家紧密联系在一起，成为一个族群、一个时代、一类文化、一种制度的缩影，不仅承载了中华民族千年积淀的文化精髓，对当代物质文明与精神文明建设、社会规范塑造、民族认同提升、文化产业经济发展具有重要作用。如求子习俗中的撒帐、传席、麒麟送子，生子习俗中的洗三朝浴，育子习俗中的满月礼、抓周仪式、包领大（图3）与寄名袋（图4）等。

图3　包领大（苏州民俗博物馆藏）

2. 成人礼仪及服饰习俗

成人礼，是为达到性成熟或法定成年期的少年举行的确认其成年的一种人生仪式，它起源于原始社会的成丁礼，是一种相当古老的仪式。我国汉民族的传统成人仪礼以"冠礼""笄礼"为代表，其礼仪式烦琐，加冠、加笄是其主体部分。在成人礼的整个过程中，服饰成为古代成人礼意义最为重要的物质载体。如先秦时期的冠礼服饰制度、宋代笄礼服饰制度等。

图4　寄名袋（苏州博物馆藏）

3. 婚嫁礼仪及服饰习俗

婚姻在中国古代被认为"将合二姓之好，上以事宗庙，而下以继后世"的头等大事。婚姻者人伦之始，古婚礼有六，谓纳采、问名、纳吉、纳币、请期、亲迎也，这是从西周传承下来的"六礼"（图5）。传统婚姻礼仪是中国民俗礼仪中最隆重、最热烈的礼仪之一。"合卺礼"执行于周代，成为古代婚礼中的一个首重仪式（图6）。

图5　清·光绪年间婚帖（马鞍山市博物馆展）

图6　清·掐丝珐琅英雄独立合卺杯
（中国社会科学院考古研究所藏）

三、传统礼俗文化新时代价值

人生礼仪服饰代表了我国民间传统服饰艺术的精髓，对中国传统服饰特征、流变起到了指引作用。礼仪活动由个体连接家庭、社会，将伦理道德化为日常行为规矩，形成了文化认同与族群凝聚力。人生礼仪服饰艺术与文化价值考鉴，既可丰富服饰遗产资源，又可促进纺织服装产业发展；其在当代的传承实践研究，对增强民族文化自信、规范礼仪商业活动亦具有重要的时代意义。

人生礼仪与民间信仰、地方文化，共同构建了我国基层社会的生活秩序，有着高度的社会治理价值。服饰作为礼仪活动的载体发挥了重要的文化中介作用，考察汉族传统人生礼仪服饰艺术及民俗丰富的内涵和文化特性，对系统性思考当代社会礼仪重构、引导社会规范重建具有重要的学术价值。

考察研究四

中国丝绸博物馆考察报告

2022年11月17日，在国家艺术基金2022年度艺术人才培训资助项目"汉服创新设计人才培养"项目组的带领下，学员们前往浙江省杭州市的中国丝绸博物馆进行参观考察，此次研习考察和采风学习由季晓芬教授指导（图1）。

位于杭州西子湖畔玉皇山下的中国丝绸博物馆是国家一级博物馆，是中国最大的纺织服装类专业博物馆，也是全世界最大的丝绸专业博物馆（图2）。近年来，中国丝绸博物馆与世界各地的学术机构加强合作，成立了"丝路之绸国际研究联盟（IASSRT）"，开展了大量的合作项目，正在让精美的丝绸和博大的丝绸文化，沿着丝绸之路，走向世界，走向人类的美好明天。

图1 中国丝绸博物馆研习采风合影

图2 中国丝绸博物馆

此次中国丝绸博物馆的采风活动中，大家主要参观了丝路馆中"锦程：中国丝绸与丝绸之路展"、时装馆中"更衣记：中国时装艺术展"与"从田园到城市：四百年的西方时装展"，以及修复馆中"汉魏印象：汉晋南北朝服饰艺术展"等，另有织造坊中织机的现场操作表演和仍在使用的民族织机、复原的古代织机展示。中国是世界丝绸的发源地，以发明植桑养蚕、缫丝织绸技术闻名于世，被称为"丝国"。丝绸催生了丝绸之路，作为丝绸之路的主角，丝绸产品及其生产技术和艺术成为丝绸之路上最重要的内容被传播到世界各地，为东西方文明互鉴做出了卓越的贡献。从史前走来的中国丝绸，与中华文明相伴相生，直至今日依然绚烂如花。展览以"锦程——中国丝绸与丝绸之路"为线索，共分为八个单元，以丝绸之路沿途出土的汉唐织物等精品文物（图3、图4），讲述中国丝绸走过的五千余年光辉历程及其从遥远东方传播至西方的万里丝路。二楼展览分为源起东方（史前时期）、周律汉韵（战国秦汉时期）、丝路大转折（魏晋南北朝时期）、兼容并蓄（隋唐五代时期）、南北异风（宋元辽金时期）五个单元，展示了从史前社会到宋元时期中国丝绸的历史及各个时期丝绸之路沿线东西方文化的交流。三楼展览分为礼制煌煌（明清时期）、继往开来（近代）、时代新篇（当代）三个单元，展现从明清到当代的丝绸发展历程。其中明清丝绸展示了漳绒、妆花缎等高档织物；反映封建礼制的清代龙袍、蟒袍、袍料、补子和明清官服、明清男女织绣服饰及晚清外销绸；通过蚕学馆首届毕业生题诗扇面、像景织物、美亚丝织厂绸样等民国实物，讲述了20世纪20～30年代中国丝绸的近代工业化转变；通过20世纪50～70年代丝绸样本、意匠图小样稿及当代新型面料、数码织锦，展现改革开放前和20世纪80年代后的当代丝绸风采。

图3 汉·"长葆子孙"锦缘绢衣裤

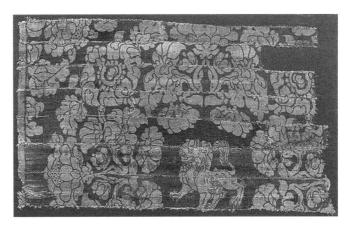

图4 唐·立狮宝花纹锦

"更衣记：中国时装艺术展"，以20世纪20年代至今这近百年服装演变为脉络，分缤纷世相、革命浪漫、绮丽时装三部分，展现了文明新装的流行，旗袍的逐渐形成和成熟，西装与西式裙装的引入与中西搭配的穿着。特别是中华人民共和国成立以来，中山装、青年装、军装等的流行，以及1978年改革开放后，喇叭裤、蝙蝠衫等一些国际流行元素的本土化，尤其介绍了中国时装设计快速发展的30年中著名设计师在历届"兄弟杯""汉帛杯"中的获奖作品与相关品牌。

"从田园到城市：四百年的西方时装展"（图5）中大部分展品为西方服饰史中的代表性服饰，或具备该时期服饰的典型特征。该展包括17世纪巴洛克礼服裙，18世纪华托服、波兰裙、帕尼尔廓型的礼服裙以及19世纪帝政时期的简·奥斯丁裙、巴瑟尔裙等。20世纪展品中有半数出自扬名史册的杰出设计师之手，如简奴·朗万（Jeanne Lanvin）、加布里埃·香奈儿（Gabrielle Bonheur Chanel）、克里斯汀·迪奥（Christian Dior）、克里斯托巴尔·巴伦西亚加（Cristobal Balenciaga）、贝尔·德·纪梵希（Hubert de Givenchy）、皮埃尔·巴尔曼（Pierre Balmain）等。另外，单设服饰品展示区块，展出19世纪末～20世纪精美鞋子、手包、首饰、化妆用具等。

"汉魏印象：汉晋南北朝服饰艺术展"分为三大部分：第一部分介绍了汉代最具代表性服装之一的深衣，其为上衣与下裳缝合相连，长度过膝或曳地，分为"曲裾"和"直裾"两类，并常用不同图案及工艺的织物镶边，呈现出一种曲裾绕襟如烟云流动之美感。至东汉时期，服装融入了西域文化元素，直裾深衣逐渐盛行。第二部分讲述了随着丝绸之路沿线中西文化、艺术、科技的交流和融合，魏晋南北朝时期的丝绸服饰发生了较大的变化，形成了宽衫大袖、褒衣博带之风尚（图6）。窄袖袍、半袖衣、短襦长裙、胡服也逐渐流行；具有游牧民族特色的风帽、锦靴、手套等服饰品装点着日常生活。第三部分以一批汉魏时期的丝织物为展示对象，呈现出丰富多彩的丝绸品种及特色，充分展现了该历史时期高超的纺织技艺。

图 5 "从田园到城市：四百年的西方时装展"

图 6 北朝·绞缬绢衣

传承东方智慧，品味华夏文明。通过考察，学员们了解了从史前社会到宋元时期中国丝绸的历史及各个时期丝绸之路沿线东方西文化的交流，领略了从明清到当代的丝绸发展历程。在近距离观摩纺织品与服饰实物的过程中，大家对中国丝绸独有的魅力、绚丽的色彩、高超的织造技艺和浓郁的文化内涵都有更深刻的感悟与触动，激发了学员们对中华传统服饰文化的好奇心和求知欲，提升了大家在中国丝绸文化方面的认知高度以及文化自信心与民族自豪感。

杭州四季青服装市场考察报告

2022年11月16日，在国家艺术基金2022年度艺术人才培训资助项目"汉服创新设计人才培养"项目组的带领下，学员们前往浙江省杭州市的杭州四季青服装市场进行实地考察和采风活动（图1）。

杭州四季青服装市场旧址位于杭海路31～59号，创办于1989年10月，市场建筑面积5万平方米。四季青服装市场的新址位于德胜东路九堡镇四季青服装交易中心C2区块（图2）。一期总建筑面积为12万平方米，是一个以服装批发为依托，以服装交易、面辅料交易为主，集电子商务、服装展示功能于一体的现代化服装交易中心。呈复合型业态，有5个楼层，于2008年10月21日正式营业。一期近600亩，规划后期3000亩，为地上5层，地下1层，毗邻九堡客运中心。

图 1 杭州四季青服装市场考察实践合影

图 2 杭州四季青服装市场

四季青服装市场的专业特色为主要从事服装成衣销售渠道，在服装销售和信息方面有明显优势，营销网络遍布全国各地，渗透东南亚、欧洲、美洲市场。市场以批发为主，汇聚了1200余家服装生产企业，900多个品牌/商标的服装，种类已经涵盖了服装成衣的各个类型，且产品细分十分完善。1～2楼档口区销售大众流行服装，三楼精品区为中、高档品牌服装加盟代理。此外，杭州面料多数都来自四季青，杭州四季青面料市场从十几年前的零散档口到目前经营户千余家（图3），从最初年交易几千米到现在的上亿米，这一系列数据生动地说明了四季青面料市场丰硕的发展成果。

四季青服装市场是国内首批通过ISO 9002国际质量体系认证的专业市场，开创性地在行业市场内引入现代企业管理方法，并结合丰富的市场运营经验，使"四季青"在全国的同行业和商户中享有很高的品牌吸引力和影响力。市场健全的制度与不断提升的服务内涵，使市场能全心全意为广大经营户着想；多方位的商品质量管理，使其不断提高上市服装品质，维护消费者的利益；市场商户及物业管理全部采用高效的计算机网络管理体系。20余年以来，市场规模、管理不断上升台阶，效益节节增长。

图3　杭州四季青面料市场

2003年，市场成交额60亿元。据国家统计局发布：杭州四季青服装市场名列"中国商品交易市场百强市场"第37位，其中服装专业市场类第2位。市场还获得了"全国百强纺织品服装市场""全国乡镇企业供销系统先进集体""中国消费者满意服务单位""中华优秀企业""浙江省规范化市场""浙江省文明市场""杭州市文明单位"等诸多荣誉。以杭州四季青服装市场为龙头的杭海路，被市政府命名为"四季青服装特色街"。2006年，市场成交额为75亿元。四季青服装市场正以"双思"教育为指导，认真贯彻"以质兴场"的方针，推进市场从量的扩大到质的提高这一转变，以取得经济效益和社会效益的双丰收，为发展市场经济做出新贡献。

此次采风，学员们首先前往杭州四季青服装市场。因其是中国最具影响力的服装一级批发与流通市场之一，主要由意法服饰城（图4）、苏杭首站女装市场、老市场、四季星座、新杭派（图5）等组成。学员们从服饰货源、销售渠道以及服装的款式、面料、工艺、价格等方面进行深入的调研分析，总结各档口服饰的差异性与优缺点；通过实地考察面辅料市场，对服饰配色、面料质感、风格体现等方面有了更深刻、更直观的认识，有助于大家进一步完善设计图稿，为汉服创新设计的创作提供了具体和实际的可行性。

图4　杭州意法服饰城　　　　　　　　　　　　图5　新杭派休闲服饰城店铺档口

第五章

品牌营销与商业传播

传统服饰文化传承与传播

—— 梁惠娥 ——

● 无锡学院副校长、教授、博士
  研究生导师

● 中国纺织工程学会理事、中国
  美术家协会服装设计艺术委员
  会委员

● 江苏省"青蓝工程"优秀青年
  骨干教师，入选教育部"新世
  纪优秀人才"支持计划

一、服饰文化概念与内涵解析

服饰文化（Costume Culture）是人类长期的物质生产、思想意识及文化形态在服饰发展演变中的综合反映，是具象的服饰式样以及人们对待这些服饰式样的认识观念与着装方式，前者构成服饰文化的表象，后者构成服饰文化的深层内涵。服饰文化内涵丰富，包含实物层面如不同历史时期服饰形制；符号层面如不同民族服饰差异与艺术表象；信息层面如服饰审美、制度、民俗等内涵。

汉族服饰作为一种独立的服饰体系，在历史中，形成了独特的文化环境和鲜明的民族风格特色，这是我们自己的服饰本色，它连着民族的根。这些文化地区各具浓郁的民俗风情，都有一套与之相适应的地域特色的文化体系。汉民族文化区域有秦陇文化、晋文化、燕赵文化、齐鲁文化（图1）、巴蜀文化、吴越文化、闽台文化等。总的来说，服饰承载着民俗文化、制度文化、地域文化及审美文化方面的丰富内容，具有实用性、伦理性及民族性等特点。以民间服饰云肩为例，云肩多为女性在重要礼仪活动中的服饰配件，其图案题材广泛，除现实生活中的花鸟鱼虫、飞禽走兽、亭台楼阁，还包括神话传说、文字符号、几何图形、宗教器物等，寓意吉祥、内涵丰富（图2）。

图1　山东地区传世清代大红色绸绣花卉纹凤尾裙（江南
　　　大学民间服饰传习馆藏）

图2　清·云肩（美国纽约大都会艺术博物馆藏）

二、我国传统服饰文化传承要素与途径

我国传统文化传承要素主要体现在传承对象和传承环境两方面，其中，传承对象包括传统服饰文化、传承主体（人）、传承媒介（产品、品牌、设计作品）等内容；传承环境则包含社会环境、自然环境、传承过程（保存、激活、再生、利用）等因素。

传承传统服饰文化需要体现正能量，主要体现在以下四点：其一，由传统服饰文化符号的传承转向中国精神与意境的传承；其二，本土设计师与品牌多元化，如大批新锐设计师、独立设计师、小众品牌涌现；其三，具有中国文化背景的设计师从国际时装舞台边缘逐渐走向舞台中心；其四，本土设计品牌向高端、定制、奢侈品方向发展。未来传统服饰文化的传承方面也有相应的四个方面，其一，是深度挖掘传统服饰文化与精神，丰富传统元素与设计灵感来源；其二，是寻求文化遗产传承和全球化融合的平衡点；其三，是探索民族元素服饰市场化道路；其四，是提升中国设计话语权。

传统服饰文化传承的主要途径有四个方面，首先，是文化艺术活动的普及。可以通过举办种类各异的展览进行呈现。如各地的文化馆、博物馆、美术馆等经常举办展览，将传统文化的方方面面记录下来，对传统服饰文化的保留起了很大的作用。在展览的同时，还辅以各类专题讲座，展品中不仅有历史的服饰，更有现代服装院校学生的传统服饰仿制品。其次，可以通过举办传统节假日活动加以实现。在这些节日中，人们自觉或不自觉地选择穿着传统民族服饰，有了着用的需求，就给传统服饰提供了延续的空间和舞台。所以，传统服饰文化的传承与保护模式不是机械的，而是将传统文化融入社会生活领域的方方面面。再次，要重视媒体的一贯式渗透和文化产业的结合。例如，在电视报刊等媒体中，可以发现介绍手工、各地民俗特色的作坊产业、传统文化等节目，包括教人怎么穿用传统服装、制作日常用品等。在人们的日常生活起居中将这些传统文化一一渗透。最后，是要做到教育的一贯式渗透，地方产业的发展也应重视与现代教育的结合。

三、我国传统服饰文化传播构成要素与渠道

英国人类学家克利福德·格尔茨（Clifford Geertz）在《文化的诠释》一书中指出："文化是通过一种符号在人类历史上代代相传的意义模式，它将传承的观念表现于象征形式之中，通过文化的符号体系，人与人得以相互沟通。"由此可知，传统服饰文化传播的构成要素包括信息源、媒体、传播者与受众四个要素。

信息源有设计师发布会、实体店铺、服饰博物馆、政府机构文化活动、民间团体活动等（图3）；媒体作为文化传播的枢纽，以互联网和手机为主体的新媒体是向用户提供信息和服务的主要传播与媒体形式；受众分为一至三线三个层级，一线受众又称"强势受众"，如时尚编码者、国际著名品牌、顶级设计师、时尚杂志主编等（图4），二线受众则体现在明星、公众人物、政治人物、社会知名人士运用其十分重要的消费和传播能力扩大影响，三线受众即"普通受众"，通过穿着具有传统服饰特征的再设计服

装参加社会活动、社会交往中人与人的接触、社交媒体发布个人信息，同样是非常重要的传播渠道。

图3 江南大学民间服饰传习馆

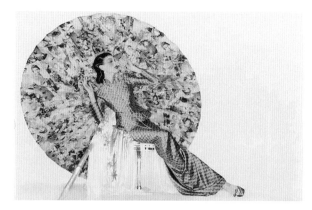

图4 1997年约翰·加利亚诺设计作品

四、服装设计学科特点与建设趋势

服装设计学科的目标与责任是保障服装专业教育与服装产业之间互为牵制、互为支撑、互为影响。服装教育应为服装行业及时培养和输送合格人才，为我国服装业的稳定、持续发展提供人才保障；同时，服装设计教育还应具有超前意识，具备引领行业发展趋势的视野。服装设计学科对于人才的需求趋向高技能专业人才、学术性服装专业人才、复合型实用人才等。学科的知识建构则包含科学与技术、艺术与文化、人类与历史三个层面，这就使服装设计学科涉及了工程、材料、美学、文化、设计、营销等课程的设置，学科人才不仅要具备扎实的专业技能、宽阔的国际视野和深厚的文化底蕴，还要关注社会不断发展的时代需求，最终为人类社会做出杰出贡献。

我们团队开展服饰文化相关研究与教学工作将近30年。2000年前后主要倾向于汉族民间服饰文化遗产研究，如服饰形制、色彩、图案、装饰等艺术特征的研究；2010年左右，丰富了研究方向与领域：首先，分区域开展汉族服饰文化遗产地域性研究，探讨十大汉族聚集区服饰地域性、差异性分类研究；其次，以织造、绣染、制作等服饰相关技艺为主，开展汉族民间服饰非物质文化遗产研究。近年来，团队通过增加交叉学科背景人才引进，博士、青年教师海外访学学习等形式，拓展研究的边界，整合研究方向为以下四点：其一，汉族民间服饰文化遗产知识与价值谱系构建，包含服饰文化及其历史、民俗、宗教、信仰等的整体性研究；其二，汉族服饰文化遗产产业应用研究；其三，传统服饰文化现代传播与民族消费行为及市场研究；其四，如以服饰博物馆、人工智能以及虚拟展示等的服饰遗产数字化传承创新研究。

赋能、增值与传播
——传统文化的商业价值与品牌力量

—— 贾玺增 ——

- 清华大学美术学院教授、硕士研究生导师

- 中国服装设计师协会学术委员会委员、中国博物馆协会服装专业委员会理事委员

- 全国考办艺术类专业规范和审定专家

中国风格服饰是基于国际视野对中国传统文化的提炼与升华，而非纯粹的传统化和民族化。当今，汉服、国潮与国风时装备受关注。因为，它们不仅是中国传统文化的传承象征，还使中国元素、中国风格能够在国际时尚系统中彰显民族尊严和自豪感。中国风格也不再局限于艺术和时尚领域的设计灵感和营销噱头，而成为经济实力和民族自信的真实反映，表达了当代中国人民、中国时装设计师和时装品牌对于中国文化复兴、东方文化回归的强烈渴望，日益成为影响经济、文化、消费、审美、日常生活等领域的重要因素。

一、汉服：传统服饰的传承

中国传统服饰既是华夏文明的重要组成部分，也是世界文化宝库中的一颗璀璨明珠。从2003年中国传统服装发迹，到2018年中国共产主义青年团中央委员会主办了"第一届中国华服日"，以中国传统服饰文化为基础的"汉服"受到广大年轻消费者的关注与追捧。据艾媒咨询调研数据显示，2015～2020年，中国市场汉服销售规模由1.9亿元快速发展为63.6亿元。汉服品牌和企业数量超过3000家。❶目前，中国传统服装主要知名品牌有明华堂、装束、净莲满堂、重回汉唐、十三余、织羽集、花朝记等（图1）。山东、杭州、成都等地聚集了大量汉服头部品牌。中国传统服饰产品的总体消费人群超过600万。其穿着也从小众人群"破圈"到大众消费市场，从少数人的特立独行转变为当代时尚风潮。

---

❶ 艾媒咨询. 2021年市场规模将突破100亿！85页报告深度解读汉服产业发展现状及趋势［EB/OL］.（2021-7-21）［2022-7-26］. https://k.sina.cn/article_1850460740_6e4bca4402000uart.html.

除了"汉服"这个名称外，也有学者将当代中国传统服装称作"华服"。2021年7月23日，在清华大学古月堂召开了"中国当代'华服'定义与规范学术论证会"（图2），经国内知名专家学者和时装设计师讨论后一致认为，"华服"是指具有中华民族历史文化基因、精神风貌且融合当代审美的礼仪性服装。其服装风格根植于中华传统文化，传承中华民族特质，体现当代社会积极向上的时代精神，具有鲜明的辨识度，适用于国际交往、文化交流、商贸往来以及日常节庆、祭典等礼仪场合。

图 1　明华堂汉服作品

图 2　中国当代"华服"定义与规范学术论证会

二、国潮：中国元素的应用

自2016年开始，"国潮"成为最炙手可热的关键词，大众领域对于"国潮"和中国品牌的关注度和搜索热度也大幅上涨。所谓"国潮"，是指嘻哈、涂鸦、滑板等具有小众、反叛精神的青年文化和街头时尚与中国传统文化相结合，由中国本土潮流品牌设计的"中国潮流"的简称。国潮商品常采用拼贴、戏谑、隐喻、复古、跨界等后现代主义的设计手法，具有快速迭代、对社会热点和文化现象反应迅速、彰显个人主张和生活态度的特点。❶其本质在于以潮流时尚传承和传播中国传统文化，实现彰显民族文化，传承中国精神，强调国家意识，引领中国创新，增值中国品牌的无限可能。

个性化和文化自信是"国潮"的显著特征。它具有两层含义：第一，在时尚的潮流文化中加入中国元素，使中国文化变得潮流化；第二，让中国文化成为潮流化的主体。❷中国式样和文化越来越受到全球瞩目，"Z世代"年轻消费群体的快速崛起促成了"国潮风"流行的基础。展示中国属性，尊重中国文化，赋予中国文化新能量，创造新内容，引发情感共鸣是国潮产品的核心价值。众多时尚品牌执迷于探索不

❶ 柳沙 . 国潮消费的时尚心理学诠释［J］. 装饰，2021（10）：18.

❷ 方晓风 . 写在前面［J］. 装饰，2021（10）：1.

同类别的中国意蕴，在中国传统文化和艺术元素的基础上，适应全球流行文化趋势，从而演变出独特的风格。2018年，中国李宁品牌在纽约时装周以"悟道"为主题，实现了潮流时尚和中国传统文化的融合（图3）。2020年8月，李宁（品牌）在敦煌雅丹发布了"三十而立·丝路探行"系列作品（图4），将敦煌风景和壁画图案、复古撞色与手工拼布、织绣印花进行组合，讲述了一位少年踏上丝路，一路上历千难万险，遇千般人生，收获成长与新生的故事。

图3　李宁2018秋冬纽约时装周

图4　李宁2020"三十而立·丝路探行"系列

三、国风：东方美学的重构

中华文明是世界文明最早的发源地之一。以汉文化为主流文化的中华文明，虽曾历经内部的变革和外敌的军事入侵，但其文化从未有过明显而持久的断裂，一直保持着自己稳定的特色。❶中华文明的辉煌成就在人类历史上具有重要作用。中国古代绚丽多彩、品种丰富的纺织品在客观上为璀璨的中国古代服饰文明的形成，提供了不可或缺的物质基础。此外，在历史上，中国生产的华美丝绸通过"丝绸之路"源源不断地运往西方，极大地丰富了西方服饰文化。

四、中国风格服饰"主体性"建设

中国风格服饰设计的"主体性"，主要是指传达中国文化，弘扬中国精神，强调中国立场。中国风格服饰设计的主体性建设不同于"在地化"的营销策略。"主体性"设计不同于中国元素或本土资源。一些利用中国元素的设计常常也伴随着营销传播的需求，而不是基于中国设计的主体立场。中国传统文化如何转化并适应当代生活，在当代语境下传承和创新传统文化是我们面临的一个重要课题。如果长期

❶ 修·昂纳，约翰·弗莱明. 世界艺术史［M］. 吴介祯，等，译. 海口：南方出版社，2002：85.

沉迷在西方国际时尚系统制造的 "当代性" 审美观念里，实践西方构建的国际流行时尚的体系逻辑，甚至无意识地参与 "他者" 时尚艺术文化意识形态的 "在场" 建设，维护和扩张西方 "当代性" 符号的生产，其后果很可能是世界民族文化丧失个体的文化主体性。❶处于国际时尚流行系统中下游的中国企业，需要在更多立足本国市场的同时，通过当代中国风格主体性提升话语权。

❶ 董行茜，肖文陵 . 当代性视域下民族服饰的文化自觉与反思 [J]. 服装设计师，2021（1）: 121.

中华服饰文化的品牌营销与传播

—— 吴 波 ——

● 牛顿商学院院长、中欧时尚研究院院长

● 英国皇家艺术学会院士、意大利米兰理工大学POLI.design荣誉院士

● 中国香港时尚联合会主席、中国澳门时尚产业联合会执行会长

一、产品创新设计的重点

产品创新设计的三个重点，首先，要从用户需求出发，以人为本，满足用户的需求。其次，要从挖掘产品功能出发，赋予老产品以新的功能、新的用途。最后，要从成本设计理念出发，采用新材料、新方法、新技术，降低产品成本、提高产品质量、提高产品竞争力。如戴森空气净化风扇系列产品，在对抗污染气体、过敏原、异味和超细室内空气污染物的同时实现房间内空气循环喷射。新产品具有强劲气流，可循环喷射并同时净化整个房间，避免房间空气不流通并清除污染物。从戴森产品设计中窥其设计密码，即创新理念与设计实践的结合。发挥创造性的思维，将科学、技术、文化、艺术、社会、经济融汇在设计之中，设计出具有新颖性、创造性和实用性的新产品。

二、品牌营销与传播策略

文字营销，或者说"文案"，是品牌在营销宣传过程中最重要，也是最易被忽略的一种营销方式。优美的文字常常比视觉的冲击更易打动消费者的心灵，如迪奥所写："香水是一扇通往全新世界的大门，所以我选择制造香水，哪怕你仅在香水旁边逗留一会，你便能感受到我的设计魅力。我所打扮的每一位女性都散发出朦胧诱人的雅性，香水是女性个性不可或缺的补充，只有它才能点缀我的衣裳，让它更加完美。它和时装一起使女人们风情万种。"不仅以唯美的文字为香水赋予了更多的意涵，同时也提升了品牌的知名度。

图像与电影是最直观、最直接的一种作用于视觉系统的营销方式，常见的表现方式就是各品牌通过拍摄海报大片、广告、电影或品牌纪录片等宣传品牌理念。如1975年，由伊夫·圣·洛朗（Yves

Saint Laurent)设计、赫尔穆特·牛顿（Helmut Newton）拍摄的法国版 *Vogue* 杂志大片"吸烟装"（图1），用最直击眼球的方式开拓了女性服装崭新的一面，同时也使YSL成为当时炙手可热的奢侈品牌。

每个品牌都有对应的消费群体，尤其对于奢侈品牌和一些高端产品，所面向的消费群体更需要突出身份属性的强调。如马丁·马吉拉

图1　1975年法国版 *VOGUE* "吸烟装"

图2　马丁·马吉拉品牌商标

的品牌标签通过不同的数字标号指代不同的产品系列，一方面突出了品牌的独特性，另一方面在标清产品系列的同时增强了对身份属性的加持（图2）。

场地营销的应用范畴主要包括专卖店场地、走秀场地、展览场地等，近些年，各大国际服装品牌的走秀场地一直在不断突破，如香奈儿2010冰山秀场、2018森林秀场（图3）、2019海滩秀场，古驰2019古罗马陵园秀场（图4）等，通过各种细致道具和逼真布景营造极富代入感的场地环境，并且每年不断推陈出新，使品牌的知名度得到极大的提升。

图3　香奈儿2018秋冬"森林秀场"

图4　古驰2019早春"古罗马陵园秀场"

三、奢侈、宗教与艺术的关系

何为奢侈？奢侈是指在基本生存品质之外的日常性的沉迷或享受。奢侈品则指一件实物，一项服务

等会带来奢华的生活品质，一般情况下指精致的、高贵的或者高雅的生活品质或商品，而非生活必需品。如18世纪初的欧洲，英国作家丹尼尔·笛福（Daniel Defoe）形容说："女王本人爱好穿中国服装出现。我们的屋里充满了中国的元素。"中国元素在当时欧洲成为品位和地位的代名词。宫廷里面挂着中国图案的装饰布，中国瓷器被视为珍玩，只有在西班牙和法国等大国的宫廷里才能见到较多的瓷器。王宫里的贵妇纷纷摇起了中国式的扇子，巴黎街头出现了中国轿子。贵族家庭也以摆设瓷器来附庸风雅，炫耀地位。贵妇们见面聊的都是中国制造，裙底下露出中国丝绸面料的高跟鞋，鞋面上是最当季的中国风格图案。

奢侈聚集了美、品质、永恒、人性、爱、自我尊重、印象深刻、自我放纵、自我奖励、权力的象征。它就像宗教一样有以下几个特点：他们都有一个创造者；他们都有一个建国神话和传说；故事将继续保持神秘感；有一个圣洁的地方，或神圣的地方，一切从这里开始；会有一些符号（标志、数字、标识），其意义只有那些创建人知道；奢侈品品牌将有标志（产品被赋予一段神圣的历史）；这些品牌的旗舰店，将被视为新的城市大教堂；会有定期的交流时光（称为社区管理）。奢侈品则以闻名的稀有程度、昂贵的价格、感官享受、创造力、细节化年龄化处理、品质品相和想象力为评判标准。

奢侈、宗教与艺术这三者都着眼于提升人的地位、品位，让他们摆脱产品功能、自身需求以及无形价值的限制，甚至变成神圣超然。奢侈品像艺术一样，它的最佳状态是对品位的提升。奢侈品是精英的品位、层阶是宗教阶层的，然后是贵族阶层的，现在却变得越来越平民化了。每件奢华的产品背后都蕴藏着无尽的社会意义，人们总会被这些意义所吸引。

四、奢侈品设计的密码

奢侈品设计的核心主要包括获得性、好奇性、权威性、沉思性和博爱性五个方面。获得性是指奢侈品的大LOGO的外在模式，好奇性是指对新产品好奇，探究，从而进行研究，变成专家和收藏家。权威性是指拥有专门知识的消费者去购买为他定制的奢侈品，如英国伦敦萨维尔街的百年定制模式。沉思性是关于空无与愉悦，很少关注实物，关乎去掉什么，才是奢侈。博爱性也是奢侈的最高境界，慈善即奢侈，如宝格丽在品牌成立130周年的纪念时刻，发表"Save the Children"珠宝，并将销售所得部分收益捐给"救助儿童会"慈善组织（图5）。

综上，品牌营销的核心是以客户为中心，让客户付出尽可能少的金钱成本、时间成本、行为成本、心理成本，收获更多的实际价值和心理价值。时尚营销是在创造、沟通、传播和交换产品中，为顾客、客户、合作伙伴以及整个社会带来经济价值的活动、过程和体系。

图5 宝格丽"Save the Children"系列

考察研究五

杭州艺尚小镇产业集群考察报告

2022年11月14日，在国家艺术基金2022年度艺术人才培训资助项目"汉服创新设计人才培养"项目组的带领下，学员们前往浙江省杭州市的艺尚小镇产业集群进行实地考察和采风活动（图1）。

穿梭"匠心之门"，领略"流光之影"。在此次采风活动中，大家主要参观了杭州艺尚小镇的主题展厅与相关工作室。讲解员分别从江南水乡特色的自然环境、江南村落风情的历史街区、江南新式建筑格调的文化街区、新英式风格的瑞丽轻奢街区等方面对艺尚小镇的空间格局进行介绍，向学员们展现了艺尚小镇融合传统与现代、历史与时尚、自然与人文的基地特征（图2、图3）。随后，学员们乘坐观光车进一步参观小镇内各个服装工作室和建筑集群，配合解说对艺尚小镇有了更加深刻的认识和了解。讲解结束后，大家开始自由调研环节，主要对品牌线下门店中的店铺设计、产品形象、服务情况与目标人群等方面进行考察，更好地做到学以致用，将理论与实践相融合，为创新设计提供源源不断的灵感来源。

艺尚小镇位于浙江省杭州市临平区，由中国纺织工业联合会、中国服装协会、中国服装设计师协会与余杭区政府签署合作协议，将艺尚小镇建设成为文化创意推动、科技创新聚集、可持续发展导向的数字时尚高地，推动艺尚小镇"中国时尚风向地、中国奢侈品海淘地、中国网红直播引领地、中国潮流文化集聚地、中国数字时尚融合地"等"五地"的打造，并促进"布局国际化、内容数字化、活动多样化"等"三化"融合（图4）。

2017年，艺尚小镇正式获评浙江省级特色小镇，同年举办中国服装杭州峰会，吸引了20个国家和地区的500多名时尚领袖齐聚；2018年小镇实现"产

图1　杭州艺尚小镇产业集群考察实践合影

图2　实地讲解与学员研习

图3　艺尚小镇时尚历史街区

学研"三结合，分别与中国美术学院和浙江理工大学等达成长期合作，吸引了520名新锐设计师创新创业。同年，中国服装科技创新研究院落户，中国首个服装科技领域的研究机构扎根艺尚小镇。艺尚小镇已累计引进时尚企业780家，国内外顶级设计师24名，集聚伊芙丽、雅莹等创新型服装企业总部31家，2018年末，艺尚小镇实现税收4.8亿元。作为国内顶尖专业级秀场，杭州艺尚小镇国际秀场对标国际，打造时尚T台（图5），为小镇设计师、服装企业、国内外优秀设计师提供产品展示平台。

图4 艺尚小镇"一中心三街区"布局

2018年7月31日，中国服装设计师协会和杭州临平新城开发建设管理委员会，在杭州艺尚小镇设立中国服装设计师协会杭州培训中心，就携手打造"中国时尚学堂"达成合作共建协议。"中国时尚学堂"位于艺尚小镇文化街区二期A区一号楼中楼四楼，楼内大大小小宽敞亮堂的多媒体教室令人耳目一新，此外，还有专门的服装工艺教室和多功能会议室，总建筑面积将近560平方米。学堂今后将通过公开体验课、初级课程、国际高端课程、论坛研讨、成果展览等形式，全面开展服装设计、电子商务、模特师资、品牌管理及营销等涉及产业链上下游的特色课程，最大限度满足不同领域、不同层次的人才需求。

图5 艺尚小镇国际秀场

2021年3月，由中国服装协会、中国服装智能制造技术创新战略联盟、临平新城管委会等单位共同创建的中国服装科创研究院在艺尚小镇揭牌，中国服装科创研究院旨在有效利用行业优质智慧资源，以推动服装业数字化转型升级和实现智能制造发展为核心，加快服装领域关键共性技术突破，增强产业创新能力，构建产业发展新生态，支撑和推动服装行业的可持续、高质量发展。中国服装科创研究院打造了中国服装快反供应链平台——橙织供应链平台，通过共享经济模式和供应链金融服务提升服装企业快反能力。研究院将开展服装行业科技创新相关技术研发、技术成果转化与推广、技术咨询服务、交流培训活动等，计划建立三大服务中心、十大研发中心和中国服装科创发展基金，整体建设为期10年，分两个阶段实施。

　　未来，艺尚小镇将紧紧围绕打造"世界级时尚小镇"总目标，重点发展数字时尚产业，强化创新、科技、文化、金融"四个赋能"，构建渠道链、服务链、供应链、创新链、政策链"五链合一"的产业生态圈，努力建设"中国时尚产业新高地""中国网络直播引领地""中国潮流文化集聚地""中国创意设计先锋地""中国数字时尚融合地"。

杭州俏汉唐文化科技有限公司考察报告

2022年11月15日，在国家艺术基金2022年度艺术人才培训资助项目"汉服创新设计人才培养"项目组的带领下，学员们前往浙江省杭州市的杭州俏汉唐文化科技有限公司进行实地考察和采风活动（图1）。

着汉服霓裳，扬民族新风。此次前往杭州俏汉唐文化科技有限公司主要从四个方面开展考察学习。首先，俏汉唐的CEO金上尧对项目团队成员的到来表达了热烈的欢迎并致辞。其次，俏汉唐产品总监洪宇以"俏汉唐"的名称概念和"CIAO"的词汇意涵为切入点，分别从国风、走俏、华服设计师和供应链综合平台四个方面向学员们讲述了品牌的设计理念和产品风格，以及对汉服发展趋势、产业定位、市场前景等内容的剖析讲解（图2）。再次，洪总监指出俏汉唐并不局限于对传统服饰的传承与改良，还致力于使传统服饰具有通勤和时尚的功能，即要做到"走俏"，打造潮汉唐、科技汉唐、电商汉唐为一体的品牌形象，通过跨界合作、数字应用、举办时尚节典、打造纪录片等多种现代化传播手段，实现对汉唐文化的传承与创新。最后，洪总监以"让汉唐有Young"的品牌标语作为讲解的总结语（图3），启发学员们在进行汉服设计时，要立足多维穿衣理念，围绕继承历史传统、创新未来时尚的时代使命，深入研究服饰设计的中华思想，及其与新时代时尚文化之间继承与共生的紧密关系，从不同层面的中华文化中淬炼提取灵感主题，以显性符号和隐形内涵并举的形式构建新文明时尚，完成设计的文化符号表达。

讲解结束后，学员们进入自主调研环节，通过亲身试穿品牌华美精致的服饰、参观品牌制作工坊等方式，对汉服创新设计由灵感雏形到成衣实物的制作过程有了更直观清晰的认知，并且在与多位品牌设计师的密切交流中探讨了创新内涵、表现形式等内容，激发了大家创作灵感的迸发和思维火花的碰撞（图4）。

图1 杭州俏汉唐文化科技有限公司考察实践合影

图2 俏汉唐产品总监讲解

图 3　品牌标语"让汉唐有 Young"

图 4　学员与品牌设计师交流

文化复兴，服饰产业已先行一步。纵观近些年来国潮国风发展，已从一小部分汉服爱好者因为喜欢而自己缝制，发展到如今超千个品牌进军国风服饰领域。据艾媒咨询报告显示，2020年，中国汉服产业保持高增长态势，中国汉服爱好者规模同比增长74.4%，连续4年保持70%以上的高增长。随着我国汉服爱好者数量和市场规模呈快速增长趋势，2021年汉服市场将超百亿元规模。汉服爱好者基数的不断扩大，市场消费潜力的不断增长，正在带动一大批对汉服有情怀和对市场有期待的服装品牌进入赛道。在汉服风潮的影响下，服装品牌如何解读这样的消费趋势，在文化层面和消费者情感方面如何理解和深化这一潮流，变得至关重要。

金上尧在接受《中国文化报》专访时表示："年轻人是我们的主要对象，要创新表达方式，让传统汉服文化置于现代化语境中，在汉服文化和汉服核心制式的基础上，设计开发更适应现代社会语境、场景和审美的汉元素服饰。"同时指出，"我们始终认为，弘扬文化的第一步就是'穿起来'。随着消费者的需求日趋个性化、多元化，一些汉服品牌开始通过与科技、艺术、影视等领域相互交融，寻求新的生长空间"。为解决华服产业发展面临的制约因素，俏汉唐以其耕耘服饰行业20多年的经验和积淀，整合供应链、高端工艺、品牌运营、营销、私域、投融资等优势，用以孵化国风服饰设计师品牌，推动国风服饰的原创设计、生产、销售。

杭州汉服品牌"十三余"考察报告

2022年11月16日，在国家艺术基金2022年度艺术人才培训资助项目"汉服创新设计人才培养"项目组的带领下，学员们前往浙江省杭州市的汉服品牌十三余进行实地考察和采风活动（图1）。

此次杭州十三余的考察活动主要从以下几个方面展开调研。首先，十三余CEO路洋对项目团队成员的到来表示了真诚的欢迎。其次，路洋带领大家依次参观了主题展厅、制衣板房、刺绣工坊等，并对各部门情况加以讲解，使大家对服装品牌从产品开发到运营宣传的完整工作链有了更加实际、清晰的认知。参观结束后，路洋以快哉文化简述作为切入点，从品牌三大核心业务展开讲解（图2），向学员们传达出十三余致力于让更多人感受中华优秀传统文化之美的品牌内涵；致力于"让更多年轻人穿上人生第一套汉服"并爱上中国传统文化的品牌愿景；致力于让中国文化融入每个人的日常生活的品牌理念，提出传承文化的最好方法不是将其束之高阁，而是要根据新时代的风貌将其重新塑造，并融入当下人们的日常生活中。当传统汉服遇见现代制作工艺和审美情趣，东方审美便不只被欣赏，更能让今天的人们穿在身上。启示大家要善于打开自己的创作思路，跳脱出思维局限，去发现更多文化的可能性。

图1　杭州汉服品牌十三余考察实践合影

图2　十三余CEO路洋带来讲解

在交流讨论环节中，学员们结合上述讲解内容进行自由提问，十三余CEO路洋与大家就相关问题展开讨论。通过此次采风，更加坚定了大家共同探索中国传统文化与现代时尚文化汇聚交融的决心，助推汉服创新设计走向更长久的未来。

汉服品牌"十三余"成立于2016年，创始人为小豆蔻儿和路洋。2018年，品牌参加了"华裳九州"设计大赛，同年9月品牌登上纽约时代广场的大广告屏，品牌知名度得到了提升。2019年，十三余销售额近3亿。这一年，品牌与西湖景区达成战略合作并开设了第一家线下体验实体店。2020年10月，十三余获得觉资本（JuE Capital）数千万元的Pre A融资，主要用于淘宝和微信公众号的推广。

十三余定位于喜欢传统文化以及追求美且乐于消费的年轻群体，品牌致力于为文化自信的年轻一代提供"人生第一套汉服"。十三余品牌的汉服设计并不一味追求古风，更多的是在传统形制的外表下融入时尚设计元素，增加一些流光溢彩的点缀，突出少女感，设计师通过对汉服的基本款式进行改良设计让汉服变得更加贴近于现代；同时，也勇于跨界融合，扩展联名系列作品（图3）。在坚持原创设计的同时，品牌还为设计注入历史典故，让更多的人了解到汉服以及其背后的传统文化，如"红楼幻梦"系列作品（图4）。十三余的汉服产品大都采用预售模式，有了订单之后才开始生产，所以基本不存在库存问题。与同类品牌重回汉唐、钟灵记、兰若庭等相比，十三余的产品系列较多，有敦煌系列、花朝系列、山海经系列、活色生香系列、陶渊明系列、古都洛阳系列、中华美食系列、千年萌宠系列等。

图3　十三余与"长月烬明"联名系列　　　图4　十三余"红楼幻梦"系列

　　路洋表示，十三余一直致力于"让更多人穿上人生第一套华服"，鼓励更多女孩第一次穿上传统服饰。所以品牌不仅从传统形制中获得灵感，更注重服饰的创新与现代审美的结合。汲取传统服饰中美的特征，创造出更宜于穿着、适合新手的服装。品牌相信要先用传统文化中美且有趣的一方面吸引到用户，继而让用户对整个传统文化产生兴趣，才是对传统文化最好的推广。也是这一独特的理解与专注，让十三余能摆脱传统商业模式，成为增长速度较快的国风品牌，也带动了整个汉服行业的增长。

第六章

国家艺术基金研修班
设计作品展示

郑 琦（敖珞珈）

"唐本俑"唐制汉服制作技艺"非遗"项目传承人

活化《法海寺神仙图》系列设计

- 重庆服装设计师协会会员
- 礼衣华夏全球汉服模特大赛发起人
- 重庆京渝堂服饰设计有限公司主理人
- 重庆故国有裳文化传播有限公司文化总监
- 西安文创"楚宫词"汉服项目设计总监
- 国风IP"汤圆姐姐"作者

自2008年接触汉服以来，从业已有14年。2014年创立原创汉服品牌"京渝堂"和"唐本俑"，参与汉服活动品牌"礼衣华夏"等，目前致力于唐代服饰的活化以及古画、壁画的活化设计。

- 2004年获"鹭岛书香"澳门插画比赛三等奖
- 2018年阿里造物节参展汉服品牌"京渝堂"
- 2018年中国华服日——西安春季参展汉服品牌"京渝堂"
- 2019年阿里造物节参展汉服品牌"京渝堂"
- 2019年中国华服日——西安春季参展汉服品牌"唐本俑"
- 2019年中国华服日——开封秋季参展汉服品牌"唐本俑"
- 2019年获徐州国潮周"最受欢迎达人——洛神奖"
- 2019年获徐州国潮周"最受欢迎汉服品牌——京渝堂"
- 2019年获重庆新浪"重庆有红人"年度红人称号
- 2019年获点赞中国"五个一百"网络正能量精品展播特别节目"网络十佳正能量"称号
- 2021年中国华服日——澳门春季开场秀汉服品牌"唐本俑"
- 2022年获"众创英雄会"创业项目比赛"礼衣华夏"年度十佳创业项目

本系列（图1～图5）灵感来源的法海寺位于北京石景山区模式口翠微山南麓，始建于明朝，当时的寺院包括大雄宝殿、伽蓝祖师二堂、四天王殿、护法金刚殿、钟楼、鼓楼等，现只存大雄宝殿一处。本服饰系列正是由大雄宝殿"帝释梵天图"西侧帝释天及持花钵天女、捧盘天女、菩提树天女、月天、诃利帝母服饰活化而来。精选这六个形象一方面考虑她们是整体壁画中最适合用汉服结构呈现的款式，也考虑到未来用于文化传播和秀演的整体协调性和舞台效果。

本次制作工艺以数码热转印为主，辅助以刺绣、彩绘、编织、串珠等工艺；整体服装颜色以松花绿、松柏绿、花青、绛红、曙红、朱红等饱和度较低的红、绿搭配为主色，米白底花纹襦裙、云肩等辅件协调整体效果，既打破了红绿色搭配不易呈现高级感的惯例，又极大地彰显了端庄大气。在制作推演过程中，除去繁复的璎珞佩带、副笄六珈，大小长短各异的蔽膝、装饰边也是服饰中的亮点，其中帝释天的裙摆装饰最为特殊。

本次面料大量选用仿真丝光泽的真丝缎，以及轻盈薄透雪纺绒，力求还原众神仙服饰的华丽精致，形象的庄重温雅，色泽艳丽而浓厚的视觉感，最终可以在活化明代神仙图服饰的同时呈现一场视觉盛宴。

传统汉服的研究和学习是汉服创新不可忽视的基石，需要最大可能地活化历朝传统服饰，梳理文脉的规律，才能在未来提炼出更多更好的文化精髓运用在服饰设计的方方面面。"古为今用""东学西进"是汉服创新的核心和目标。作为当代的汉服设计工作者，服饰文化的传播价值和高度前所未有，希望本系列作品能以微薄之力给予大家启发和想象。

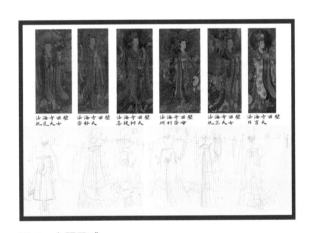

图 1　主题灵感

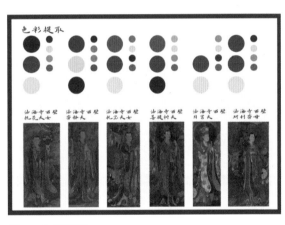

图 2　色彩提取

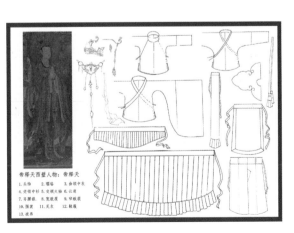

图 3　服装款式

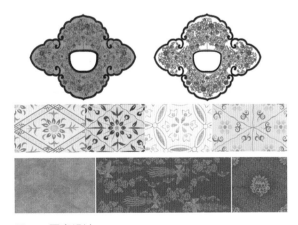

图 4　图案设计

图 5 活化《法海寺神仙图》系列设计

《花舞大唐》系列设计

黄春燕

衔泥小筑文化传播有限公司联合创始人、艺术总监
重庆服装设计师协会理事

在近20年的原创服装设计经历中，深感系统服装理论培训的重要性。让汉服能够站得更高更远，能够成为代表国家形象的文化名片，让世界看到中华服饰之美，一直是多年以来从业的愿景和目标。通过此次学习交流，打开了新的视野，之后会创作出更优异的汉服作品，让更多人看到汉服创新设计人才培养的成果。

- 2018年获中国第3届高定峰会"高级定制新秀设计师"称号
- 2018年获北京服装学院60周年校友品牌汇报展品牌荣誉奖
- 2019年获淘宝造物节年度造物奖
- 2019年获北京时装周BFW十佳设计奖

本系列（图1～图5）以武则天时期"女为已悦者容"的服饰风尚为灵感，结合当代审美，原创设计纹样配色，全新演绎长安的繁花似锦。此次设计的四款灵感来源于初唐时期燕德妃墓《奏乐图》。燕德妃墓《奏乐图》绘于后墓室东壁北铺，图中三位站立女伎手持乐器伴奏。左起第一位双手捧笙篌，作弹奏状。第二位双臂弯曲至胸前，双手持箫做吹奏状。第三位双手抱琵琶于胸前作弹奏状。第四位手中无物，可能是歌者。

唐代武周时期可算是唐代女性形象最从容自信、丰满匀称、曲线优美的一段时期，同时着装风气也最为开放和暴露，装饰也逐步走向华丽。首先，最引人注目的是对于展露身材的自信。上衣领式以直领对襟为主，外套短袖衫也大多为下摆不掖入裙腰的直领衣。"粉胸半掩疑晴雪"，由于领式的改变，以及裙腰位置的进一步下移，女性袒露丰满胸部的程度也大大增加，从出土武周时期的陶俑、壁画上看，酥胸半露的形象极多，程度甚至在今日看来都略显夸张。帔子则流行较宽大的样式，绕身一周在胸前交叠，几乎可以被视为一件披肩衣。除了下层侍女，上层女性也风行穿着男装、胡服。其次，裙装的颜色惯用大红、绿等浓艳强烈的颜色，其中红裙的记载尤多，常常被称为"石榴裙"，武则天本人便有名句"开箱验取石榴裙"。套穿在外的长裙两侧各有一个细长的衩口，此类带衩口的长裙从此一直沿用至五代。系合方式自前向后围合或自后向前围合均可，以后者为多。由于裙摆的贴身程度和垂坠感加强，身形曲线则被勾勒得更加修长优美，裙摆前缘则被高高的履头所挑起。

上层社会女性衣料越发铺张奢侈，在衣缘用锦料的做法越来越多，甚至整件短袖、褙子均用富丽堂皇的大花锦绣制作。衫子和单色长裙上也常印染各种散点、花朵纹样；间裙不满足于简单两色拼接，武周末到开元初，还出现一种在竖条中铺满花样、云气的装饰法。

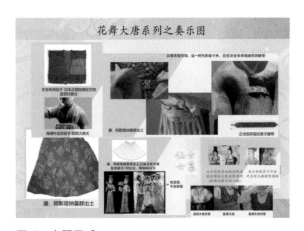

图 1　主题灵感

图 2　效果展示

图 3　服装款式一

图 4　服装款式二

图 5 《花舞大唐》系列设计

吕 轩

四川师范大学教师、服装设计教研室主任

《古今的独特时刻》系列设计

多年来深耕西南地区"非遗"手工艺的研究，在延续传统优秀文化资源的同时进行创意设计转化，以当代生活审美视角进行创作实践。主要研究方向为地方手工艺、传统染织服饰文化、时尚产品创新设计与创作。

- 主持2013年度艺体专项校级项目"四川本土鞋类品牌分析及研究"
- 主持2016年度"质量工程"校级项目"服装与服饰设计专业服饰配件设计课程实践教学改革的探索"
- 参与2022年省级一流本科课程"'非遗'蜡染服饰图案设计与应用虚拟仿真实验"建设
- 2019年获四川省大学生数字艺术作品大赛暨第七届全国高校数字艺术设计大赛（四川赛区）优秀指导教师奖
- 2020年获第八届全国高校数字艺术设计大赛优秀指导教师奖
- 2020年获四川省大学生数字艺术作品大赛暨第八届全国高校数字艺术设计大赛（四川赛区）优秀指导教师奖
- 2021年获中国国际大学生时装周优秀指导教师奖
- 2022年米兰设计周中国高校设计展非命题赛道优秀指导教师

一直以来，我都认为传统需要年轻人接受才是传承。中国的传统服饰很精美，精美到现代的工艺不能企及。传统服饰留在博物馆，还是走进当下？正是这个时代探讨的话题。学者们从复原机器、纺织、面料、染色到工艺，再现了各朝代的中华服饰。但生活场景转变的今天，快节奏、高效能、科技化，是我们现代生活的关键词，我更愿意去思考在21世纪的时空背景里汉服会是什么样子。

在系列设计（图1～图5）中，主体设计保留了传统服饰的基本形制，以半臂、圆领袍衫等传统服饰为载体，遵循天圆地方的宇宙观，秉承着平面裁剪的基本工艺，内搭的单品以现代服饰为主，让汉服创新更为百搭。换面料、调板型、改尺寸、混穿搭，力求让传统服饰自然地融入当下的生活。

绿色，是具有特殊含义的颜色。该系列服装色彩以绿色为主色调，黑与白为辅助色。2023年，是面临挑战的一年，践行勤俭节俭理念，减少浪费。服装的主料采用两种不同颜色的同一材质的面料拼接而成，既是对中国传统服饰水田衣的延续，又可以体现DIY新风尚。

工艺特点上，用珍珠手工缝制在每一个格子的交点上，增加服装的视觉效果。同时，在重要位置如领口、裁片的拼接处等嵌入绳条，以增加服饰的品质感。创新设计、精良品质与百搭性能是整个系列服饰的关键要素，以强烈的服饰穿搭打破汉服的刻板印象，创造中国汉服时尚新浪潮。

图1　主题灵感

图2　趋势分析

图3　服装款式

图4　效果展示

图 5 《古今的独特时刻》系列设计

刘晓燕

北京诚衣互联科技有限公司总经理

《秋日浮光》系列设计

- 吴氏京绣第五代传承人
- 北京朝阳区巧娘手工艺协会秘书长
- 北京市民间文艺家协会会员
- 北京工艺美术学会会员
- 中国工艺美术学会会员
- 中国艺术人类学会刺绣专业委员会会员
- 中国纺织出版社有限公司华服知识首席推荐官

　　生于北京房山，裁缝世家，从小耳濡目染，自己刺绣并制作传统剪裁服饰，后进入北京服装学院深造。其间拜访多位京绣名师，不断研习刺绣技艺，后拜入京绣传承人吴兰春师父门下，成为吴氏京绣第五代传承人。并跟随多位刺绣传承人及匠人交流学习技艺，并且积极接纳学习其他传统刺绣之精华，如苏绣、湘绣、粤绣、法绣等技法。结合国潮风尚进行创新设计，推动传统文化的复兴，并走进学校、企业、社区等场所，开展传统刺绣传播及传承工作。

- 2018年获得"西城区大都工匠"称号
- 2020年获北京市妇女创新及手工技能大赛三等奖
- 2021年参与清华大学"绣色可观"粤绣创新成果展
- 2021年京绣服饰作品《云裳》获北京创新工艺美术大赛优秀奖
- 2021年京绣首饰作品《千里江山系列》《舞翩然系列》获北京非物质文化遗产时尚创意大赛优秀奖
- 2022年京绣美术作品《太师少师》与服饰作品《彩绣马甲》获北京传统工艺美术大赛优秀奖
- 2022年京绣美术作品《福运寅虎》《盛世岁朝图》获北京传统工艺美术大赛铜奖

"图必有意，纹必吉祥"亦为传统纹饰之精髓。

秋之韵，金黄枫红，赏菊登高，瓜香果甜，亲友欢聚，围炉煮茶，欢声笑语。

秋之景，菊、朝阳、奔马、枫叶、银杏、白云、南瓜、石榴。

秋之色，黄、橙、金、褐、灰、牙、白，温暖且热烈，生命亦如此。

回望传统服饰之历史，服饰为文明象征，衣服之颜色、形制、图案、样式，是身份象征。而今，服饰更代表了人们的生活态度和精神内涵，强调自我价值。

明太祖朱元璋根据汉族的传统，"上承周汉，下取唐宋"确定了明制汉服。让以汉文化为主体的服饰重新回到人们的视野当中。如今，世界大同，美美与共，开放、包容、多元，为我们的生活带来无限可能。而我们的衣柜中又能有几件汉元素的服饰呢？这是现实给我们抛出的问题。历史车轮滚滚，而中华文化源远流长，内核传承不改。作为传承者我们有义务把中华服饰文化传扬发展，需要用新汉服来表达我们自强不息、独立拼搏、不畏困难的精神（图1～图3）。

通过对明代服饰形制的研究和思考，结合当下的生活状况，继而呼吁人们能够回首往昔，调整心态，憧憬未来；重拾朝阳初升、不畏艰辛、积极向上、自强不息的人生态度，君子之德。继承一往无前，生生不息，有力量的华夏民族精神。让数千年焕然成章的服饰文化为当今的生活增添活力；让人们在心灵上寻求一份淡然和平静的归属感，重拾信心。

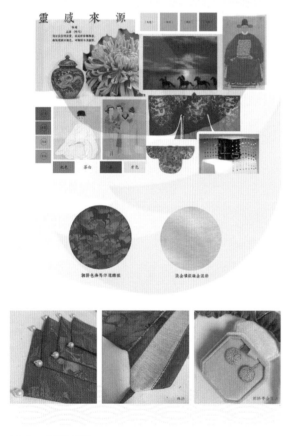

图 1　主题灵感

图 2　效果款式

① ② ③ ④

图3　《秋日浮光》系列设计

《敦煌四时》系列设计

邹 莹

兰州城市学院教师、工艺美术系主任

主要从事服装设计与传统染织方向的研究，教授课程主要有：纤维编织、纤维材料造型、印染工艺、敦煌艺术赏析、设计概论、中外服装史、服装设计技法等，在《天工》《轻纺工业与技术》《美术教育研究》等期刊中发表多篇学术论文。

- 参与2021年项目 "基于麦积山壁画纹样与汉麻纤维染印结合的文化创意产品开发研究"
- 参与2020年项目 "甘肃陶土材料创新应用与文旅产品研发"
- 参与2018年项目 "产教融合背景下工艺美术专业课程项目化教学模式研究"
- 2016年获兰州城市学院第4届 "挑战杯" 大学生课外学术科技作品竞赛优秀指导教师奖
- 2016年获兰州城市学院优秀实习指导教师
- 2016年获 "美在兰城院——我心中的教师美德观" 青年教师演讲比赛三等奖
- 2017年获第11届 "挑战杯" 甘肃省大学生课外学术科技作品竞赛优秀指导教师奖
- 2017年获甘肃省第5届大学生艺术展演活动优秀指导教师奖
- 2018年获中原色彩时尚周大学生时尚布艺设计大赛优秀指导教师奖
- 2021年作品《江山如此多娇》获 "浮梁杯" 第20届全国设计大师奖优秀奖
- 2021年获 "华艺杯" 全国扎染职业技能大赛优秀指导教师奖
- 2021年获 "雪莲杯" 全国羊绒服饰及手编作品创意邀请赛优秀指导教师奖
- 2021年获 "Perino伯丽奴" 毛织饰品手编创意设计大赛优秀奖

本组设计作品（图1～图5）灵感来源于敦煌莫高窟内壁画，莫高窟的开凿从十六国时期至元代，前后延续约1000年，这在中国石窟中绝无仅有。它既是中国古代文明的一个璀璨的艺术宝库，也是古代丝绸之路上曾经发生过的不同文明之间对话和交流的重要见证。

敦煌壁画描绘了神的形象、神的活动、神与神的关系、神与人的关系，寄托良愿，安抚心灵。敦煌壁画中有神灵形象（佛、菩萨等）和俗人形象（供养人和故事画中的人物）之分。这两类形象都来源于现实生活，但又各具不同性质。莫高窟开凿初心意为供奉神佛，所以，窟内壁画用色鲜艳明亮，夸张大胆，辅以流畅的线条笔触，向我们展示了当时人们的信仰与时代特征。

本组复原设计整体参照俗人形象，从造型上说，俗人形象富于生活气息，时代特点也表现得更鲜明，虽说前后约有近千年的延续，但其中体量最大，朝代特征最明显的，当属唐朝，壁画中描绘的一众供养人中，唐代特征尤为明显，大胆的用色与繁复的线条，无不勾勒出一个盛世大唐。

本组作品款式参考了唐朝最为广泛的三种服饰款式，即破裙、襦裙、唐坦领三种。唐代是中国封建社会的极盛期，经济繁荣，文化发达，世风开放，对外交往频繁。由于受域外少数民族风气的影响，唐代妇女所受束缚较少。所以，在这种时代环境和社会氛围下，唐代妇女服饰款式多，色调艳丽，典雅华美。

服章之美谓之华，礼仪之大谓之夏，此谓"华夏"也。华，是一种气度，一种民族气质和民族精神，是一个人，一件深衣，一份信仰，是中国"衣冠上国""礼仪之邦""锦绣中华"的体现，承载了汉族的染织绣等杰出工艺和美学。

图1 主题灵感

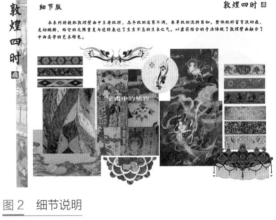

图2 细节说明

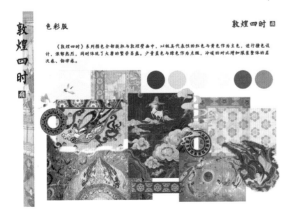

图3 色彩提取

图4 效果展示

图 5 《敦煌四时》系列设计

《夜宴》系列设计

林 姿

扬州二木家服装服饰设计有限公司主理人
扬州德尚玩具礼品有限公司项目负责人

熟悉圈层经济的核心逻辑，成功建立过8000人的活跃私域。从事汉服行业已超10年，一直深耕汉服专用绣花面料类目，熟悉绣花工艺，擅长根据市场需求进行前期新品开发与后期的生产节点把控。

《韩熙载夜宴图》为五代十国时期南唐画家顾闳中的绘画作品，现藏于北京故宫博物院。五代十国是中国历史上一个很特殊的时期，从服饰上可以看出宋的内在审美与风格并不是无中生有，而是有明显的承袭痕迹的。《韩熙载夜宴图》全卷分为五个场景：琵琶独奏、六幺独舞、宴间小憩、管乐合奏和宾客酬应。本次文物活化选择的是第四个场景管乐合奏，这个场景的主人公韩熙载换下了正装并盘膝坐在椅子上，一边挥动着扇子，一边跟一个侍女吩咐着什么话。五个奏乐人横坐一排，各有自己的动态，虽同列一排，但也没有感到整齐统一的呆板。旁边一名打板男子坐姿端正，与富有变化的吹奏管乐的女伎们又形成一对比。

无论是画作还是乐伎所穿的服饰本身都是历史的见证与载体，除此之外，《韩熙载夜宴图》在整个汉服运动中也有着非常特殊的意义。尤其是右一的绿衣红裙女乐人形象，是整个汉服行业唯一拥有明确名字的古画人物。她的名字叫作夜宴。这个名字没有给画中的主人翁韩熙载，也没有给任何一个宾客。即便是乐伎，一共五个奏乐人，却独独赋予了她"夜宴"这个名字。

十多年前很多人不理解也不明白汉服是什么，我们又为什么要穿汉服。而首先穿上汉服的这些青年们可能是急切地寻找同现代社会能够完成交流的一个突破口，在五位奏乐人中，当时的青年们都一致选择了绿衣红裙的这位乐伎进行人物活化，希望可以呼吁更多人来关注传统审美。当时一度有着"夜宴"成风的情况，提到"夜宴"所有的汉服同袍都知道说的是绿衣红裙的搭配，更是靠实际行动来让红绿配这样的传统审美重回大众视野。所以"夜宴"本身在汉服运动中有极为重要的地位，是青年们对传统文化复兴的一个见证与重要载体。因此此次文物活化选择了将"夜宴"再现，让"夜宴"再次成为汉服创新设计人才培养项目的实物见证与载体（图1～图5）。

图 1　主题灵感

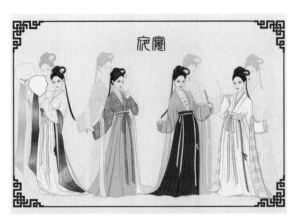

图 2　效果展示

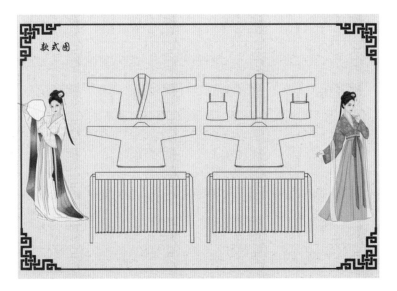

图 3　服装款式一

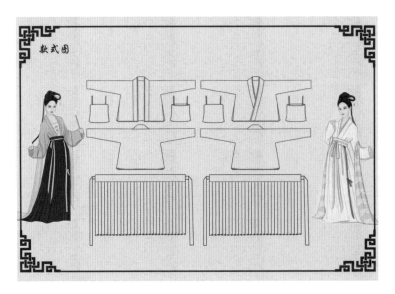

图 4　服装款式二

图 5 《夜宴》系列设计

滕静蓉

湘西静静文化有限责任公司总经理

《雪树寒禽》系列设计

- "非遗"苗族挑花代表性传承人
- 中国工艺美术协会青年专委
- 泸溪县工艺美术协会副会长
- 湘西土家族苗族自治州青年企业家协会副会长
- 湘西州新阶联理事长

从事苗族挑花、苗绣工艺20余年，在苗族挑花、苗绣乃至民间"非遗"工艺结合现代纺织领域取得卓越成效。

- 参与国家级项目"丰蝶舞雪——国家级'非遗'苗族挑花绣"
- 参与湖北省级重点项目"乡村振兴背景下湘西土家族苗族自治州泸溪县挑花与印染类'非遗'项目创新设计实践"
- 参与教育部人文社科青年基金项目"西南苗族经典挑花装饰的审美视觉研究"
- 2015年作品《苗族数纱围巾》获"第三届中华'非遗'手工技艺传承设计大赛"三等奖
- 2016年作品《花团锦簇》获第六届国际"非遗"节"新生代手艺之星"称号
- 2018年作品《苗族围兜》获中国工艺美术协会第五十三届"金凤凰"杯创新产品设计大奖赛银奖
- 2019年作品《挑花织造》获第六届中国旅游特色商品大赛金奖
- 2020年获湖南省五一劳动奖章
- 2020年获湖南省第二届创新创业大赛一等奖
- 2021年获"湖南省技术能手""湖南省青年岗位能手""湖南省巾帼建功标兵"称号

本次系列（图1～图5）服装灵感来源于南宋画家李迪《雪树寒禽图》，此图描绘了覆雪的竹叶，轻染薄雪的棘枝，以及悄立枝头栖息的伯劳。图中山坡以粗笔勾出，写一丛衰草，更添雪意。双勾写竹、树干，敷色渲染。雀鸟以没骨及勾勒相结合绘出，写实生动。对于积雪的表现，直接将白色颜料厚涂在枝干与竹叶上，表现出积雪压枝的凝重感，清空灵逸。其内涵在意境的塑造上，着意渲染冬季寒冷肃寂的气氛，然而在静寂中又透出自然界生命的活力，那在风雪中淡然挺立的、令人怜爱的寒禽，以及雪竹的凌寒不凋，显示着一种生生不息的力量，展现了博大精深的中华文明。

本次设计通过提取《雪树寒禽图》图案元素，将其二次设计绘制单色水墨写意图案，作为本次系列作品的主题纹样，服装款式上以宋朝服饰为灵感提取款式要素，将"交领右衽""褙子""百迭裙"等宋服形制融入现代风格，塑造新中式女装风格，结合中式传统造型，利用不对称式设计展现服装节奏感，实现中式古典大气的同时不失细节变化，使设计更富有空间感；色彩上选用湖绿与墨青色进行色彩搭配，表现沉稳素净的中式色彩氛围感；服装工艺以刺绣与印花结合的方式，凸显传统技艺与现代工艺结合的工艺交融，同时提取苗族刺绣纹样，与服装主题交相呼应，也可应用于后续产品开发。

细节制作过程

图 1　细节说明

设计制作过程

图 2　制作过程

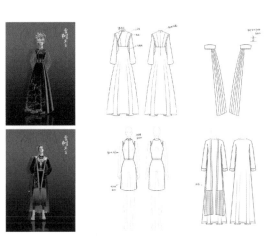

图 3　效果展示

图 4　服装款式

图 5　《雪树寒禽》系列设计

《染秋霜》系列设计

闫　琳

江南影视艺术职业学院教师、服装系主任
无锡市梦燕服饰有限公司设计总监
无锡市墨鱼创意设计有限公司设计总监

自研究生阶段起，主要从事传统服饰文化与服装设计方向研究，集中研究明清以来汉族民间服饰，发表多篇学术论文，多次指导学生获奖。

- 主持2015年江苏省教育厅省级课题"裘皮服饰流行趋势与社会发展的线性研究"

- 指导2016年国家级大学生创新创业训练计划项目"服装设计方案企划"

- 参与2016年江苏省教育厅省级课题"江苏江淮地区民间服饰技艺的活态保护与传承研究"

- 参与2017年江苏省教育厅省级课题"江南服饰手工艺特色传承及教育实践研究"

- 参与2018年江苏省教育厅省级课题"基于江南传统文化下的手工艺服饰品的研究"

- 主持2018年无锡市教育局市级课题"无锡市校企合作示范组合——基于校企合作工作室的设计方案开发"

- 主持2019年江苏省教育厅省级课题"宜兴傩舞戏《男欢女喜》服饰艺术价值研究"

- 2017年获Busan International Environment Art Festival 2017 International Academic Conference最佳论文奖

- 2017年获第5届大学生艺术展演活动优秀指导老师奖

- 2018年获江苏省高校设计作品展优秀指导老师奖

- 2018年获第3届江苏省高校设计作品展优秀指导教师奖

- 2018年获青年荣耀美育中国行全国高校美育成果展演优秀指导教师奖

- 2020年"服装设计与工艺赛项教练能力提升"培训授予"优秀学员"荣誉称号
- 2020年获第4届江苏省高校设计作品展入围奖
- 2020年获第8届全国高校数字艺术设计大赛二等奖

柿染作为传统植物染料目前应用的范围比较小，出于创新性保护的角度，尝试从柿染工艺本身的特点出发，创作新风格的设计系列。本系列（图1～图5）主要利用柿染面料染色次数增加所产生的面料质感上的变化作为立意点，面料经多次染色后除了色彩上的变化外还会产生柿漆的效果，具有防水以及漆皮质感。色彩上随着媒介的不同，酸碱度的不同，面料也会产生不同色彩倾向的褐色系。面料上采用不同克重的棉、麻、蕾丝面料，通过成衣染色形成同色系的不同层次，点缀小面积的吊染红色，增强系列的丰富性。

图 1　主题灵感一

图 2　主题灵感二

图 3　色彩提取

图 4　效果展示

图 5 《染秋霜》系列设计

《江南梦》系列设计

胡维丹

壹棉服装工作室主理人

本科就读江南大学纺织服装学院服装设计与工程专业，在校期间多次获得国家奖学金、校奖学金，同时荣获"优秀毕业生"称号；研究生期间发表多篇学术论文。

毕业多年来一直从事服装与服饰设计相关工作，从学生到设计师的角色转换，从天马行空到落地市场的设计理念的转换，在此期间紧密结合市场，积累了丰富的设计方法与心得经验。同时对汉服创新设计一直抱有极大的兴趣和自身独特的理解。祖国在不断强大，希望在汉服创新设计的领域也有所突破，紧密结合市场，同时紧跟时代的步伐，让"新汉服"被更多的人喜爱和接受。

"江南好，风景旧曾谙"不仅是唐代大诗人白居易的感慨，我曾经也对江南的美丽风景是那么的熟悉。"日出江花红胜火，春来江水绿如蓝"这句在我的脑海中反复响起的春天

图 1　色彩提取

图 2　效果展示

赞歌，似乎将我带回到那个青春的年代，充满美好记忆的八个春秋，那个春天的晨光中比熊熊的火焰还要红的花，比碧绿的蓝草还要绿的水。怎能叫人不怀念江南？

无论是诗歌中的江南春景，还是春景中的色彩都让人念念不忘。再浓烈的色彩在江南水乡这幅水墨画中都会变得柔美起来，所以我想到了轻盈的蚕丝，用一缕一缕蚕丝编织的纱衣；想到了大自然赋予的绝美配色，江花红与江水绿的妙笔；想到了从过往到如今，一切都在变化。

本系列四套服装（图1~图5），款式从宋制的褙子到风衣，从齐腰襦裙上衣下裳到现代的高领衫与裙裤的上下装搭配，从交领襦裙到马甲衬衫的叠穿，从古至今、从中式到西式做了一定的延伸设计，是本着便于日常穿着且符合现代生活方式的

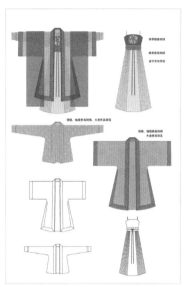

图3 图案设计

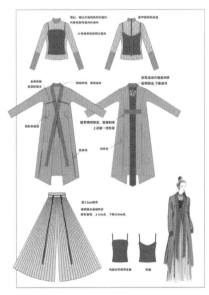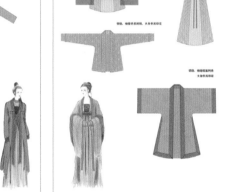

图4 服装款式

延伸设计。色彩以江南春景"日出江花红胜火，春来江水绿如蓝"为灵感，选取了中国色中"玉红"与"玉簪绿"作为主色进行撞色搭配，又以"梧枝绿""淡罂粟红""麦芽糖黄""香水玫瑰黄"为辅助色进行纹样、层次等搭配设计。纹样灵感其一来自卷草纹，卷草纹造型多卷曲圆润，二方连续的排列设计用于领缘和袖缘的装饰，面料的图案多用暗纹的形式表现；其二，从江苏武进出土的南宋织物中发现了很迷人的几何纹，将其进行再设计用于腰带等部位的装饰。此系列设计主要通过以上几点，表达设计师对"江南梦"的呈现。

曾经的"风景"在记忆里、在历史中，我们不曾忘记更不会忘记，随着时代的发展，它也会跟着时间一步步地向前，有了新的模样。在我看来，汉服亦是如此！

图 5　《江南梦》系列设计

《飞仙》系列设计

姜珊梓

天联互通（北京）文化传播有限公司艺术总监

　　喜欢与设计和艺术相关的美好事物，热爱学习新技能，尤其与服饰相关的一切知识。主要研究方向为可持续设计、数字时装艺术、中国传统服饰文化三者的结合，服装作品多次走秀和参展。同时也喜欢旅行，曾去过十几个国家，具有国际视野和审美，具备综合的技能和丰富的工作经验。参与并落地的项目有：联合国气候变化大会中国馆设计与执行（9次）、联合国生物多样性大会中国馆设计与执行、里约奥运会中国之家空间策划设计及奥运纪念章设计、普华永道服贸会展览设计、清华大学气候变化与可持续发展研究院Vi设计及线上线下活动的策划与执行等。

- 2019年入选第25届联合国气候变化大会（COP25/马德里）中国馆展览
- 2021年入围2021年美国AOF青年设计师大赛
- 2021年获亚洲青年新秀奖——国际青年创新奖（全场大奖）
- 2021年获中国年轻设计师创业大赛最佳作品奖
- 2021年获环球金创意国际设计奖青铜奖
- 2021年入围第26届联合国气候变化大会（COP26/格拉斯哥）中国馆展览
- 2021年获中国纺织工业联合会"纺织之光"学生奖
- 2021年获BICC中英国际创意大赛铜奖
- 2022年获"中国创意设计年鉴·2020—2021"年度金奖
- 2022年获"第十三届中国高校美术作品学年展"硕博组一等奖
- 2022年获清华大学"启航奖"银奖
- 2022年获FA国际前沿创新艺术设计大赛银奖

- 2022年入选2022年度清华—米理硕士双学位学生优秀作品展
- 2022年入选"千里之行"全国重点美术院校优秀毕业作品展
- 2022年获"振兴传统工艺鲁班杯"大赛铜奖
- 2022年获"常熟杯"潮流服饰组合设计大赛银奖
- 2022年获第二届中国国际华服设计大赛铜奖
- 2022年入选亚洲新生代设计展,并获2022亚洲"年度100新锐设计师"称号
- 2022年入选清华大学中意设计创新基地2022未来时尚研究学者
- 2022年入围第27届联合国气候变化大会(COP27/沙姆沙伊赫)中国馆展示

　　本系列(图1~图5)设计以敦煌文化为灵感。本人学习研究敦煌供养人服饰的款式、色彩、图案、功能等,提取元素并重新排列组合,设计为适用于现代印花、手绣、机绣、针梭织提花、数码印花、激光雕刻的图案和工艺。通过透明的欧根纱、半透明的真丝绡、光亮的真丝缎、凹凸的提花针织、精细的印花梭织、镂空的激光雕刻、立体的数码刺绣、平细的手工刺绣等,实现服装丰富的层次、对比的质感、精致的细节,以赞美绚丽多彩的敦煌文化,歌颂捐物建庙、资助他人、促进敦煌文化发展的供养人们。

　　服装色彩呈现浓郁厚重的历史韵味;整体造型沿袭供养人服饰的长垂特点;款式细节则在保留传统汉服外观的基础上,进行了结构改良设计,如通过扣子、抽绳、拉链等连接方式,使服装方便穿脱、拆卸、收纳等,更符合现代人的穿着需求。

　　另将提取的元素延伸设计了胸针、耳饰、项链等可拆卸的配饰和多种组合搭配方式,亦可单独佩戴于当代日常服装。

图1　主题灵感

图2 图案设计

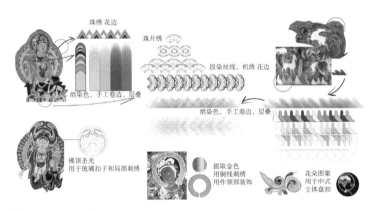

图3 工艺说明

图4 效果展示

图 5 《飞仙》系列设计

《驰·意》系列设计

吴 彤

辽东学院教师
"无同定制"高级女装定制工作室创始人
丹东市景安服装设计有限公司设计总监

在服装设计行业从业十余年，深耕服装设计企划打样生产等领域。参与多项省级教研、科研课题，指导学生设计作品多次在省级、国家级设计比赛中获奖，多次参与宝姿、巴宝莉、ICICLE、小虫米子等知名女装品牌的流行预测企划、设计及样衣制作工作，工作室与上海电视台长期合作完成主持人服装的设计与制作。

- 2010年作品《living with rubbish》刊登于《风尚BOSS》杂志
- 2010年作品《开到荼蘼》获马克华菲杯设计比赛三等奖
- 2016年作品《丝·想起》获海峡两岸设计院校联合设计比赛服装组一等奖

本系列（图1~图3）设计取名《驰·意》，以此表达设计师对于汉服创新设计的一种理念。设计师个人理念认为，对于汉服的创新设计与应用更应是一种文化与中式审美的传承与发扬，因此在做汉服的创新设计时应将格局放开不再将汉服设计局限于对传统服装制式的研究，更应注重思想内涵及在该文化背景之下所产生的中式审美在服装设计中的实践。以一种松弛的态度和形式去完成意境上的融合，从而使该组创新设计的汉服作品在满足当代生活穿着的同时由内而外地散发和传达一种新中式的审美与精神内核。

颜色上选择素雅质朴的本白色，面料则选用三种不同肌理的本白色面料进行搭配组合，有极具中式传统风格图案的镂空挑花面料，有自带拙朴气质的自然纤皱纹理面料，还有朦胧感的半透状欧根纱面料，几种不同的本白色面料在每件作品中都以不同的形式去搭配组合，从而打造出丰富多变的层次感，同时局部的留白与含蓄的表达则更体现了微妙的中式审美意蕴。

在廓型与服装结构方面则将传统服饰制式与当代生活对服装功能的需求进行了一定的融合与平衡，体现传统服饰魅力的同时给新中式服装赋予了新的生命，紧跟时代风尚。传统与当代，两种不同风格的服装设计审美交融，既充满传统中式审美格调而又具备当代女性自信自由之美。

图 1　主题灵感

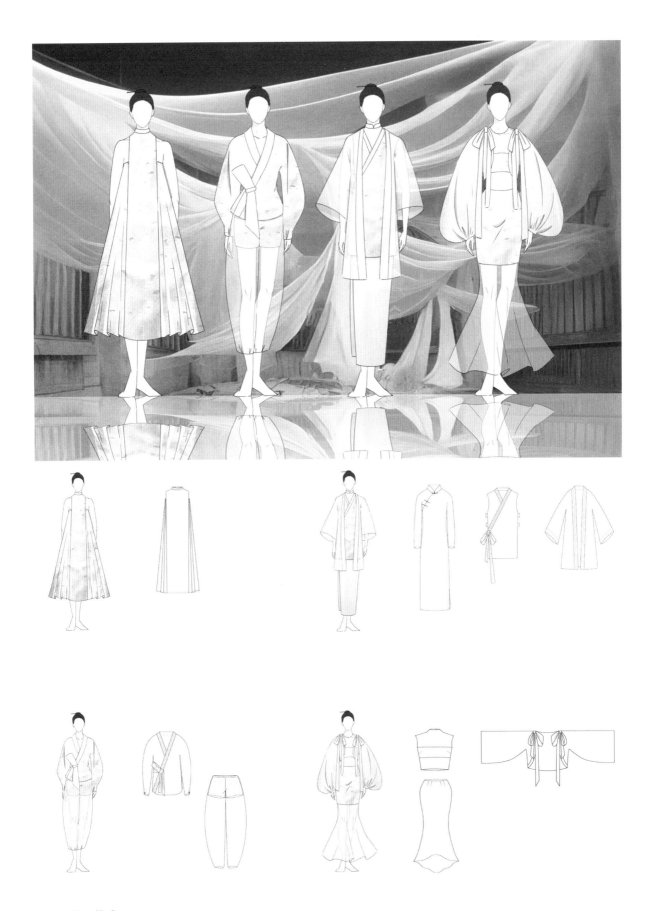

图2 效果款式

①

②

③

④

图 3　《驰·意》系列设计

《融》系列设计

- 安丘市站云帽"非遗"传承人
- 潍坊市工艺美术大师
- 服装制板师技师

苑　敏

山东科技职业学院、副教授

　　喜欢探索和理解传统服饰文化的内涵，喜欢民族民间服饰的美的韵律，并希望在传统服饰文化的研究路程中做出自己的特色。为了这个梦想，现在能做的就是努力学习，培养能力，为以后的发展打下坚实的基础。

- 主持2013年黑龙江省教育厅课题"赫哲族鱼皮服饰与制作工艺研究"

- 主持2019年黑龙江哲学社会科学规划课题"黑龙江流域赫哲族、鄂伦春族与达斡尔族服饰文化的比较与保护研究"

- 主持2022年山东省哲学社会科学规划课题"基于数字化技术的鲁绣保护及产品创新研究"

- 主持2022年山东省文化与旅游厅研究课题"鲁绣的数字化创新发展研究"

- 2020年作品《站云帽》获潍坊首届好手艺大赛入围奖

- 2020年作品《站云帽》获第四届全国纺织"非遗"类创新大赛优秀奖

- 2020年作品《赫哲族鱼皮服饰太阳神》获第四届全国纺织"非遗"类创新大赛优秀奖

　　本作品（图1～图5）以清朝龙袍为灵感来源，尤其以海水江崖为主要设计元素，与中式服装的款式结合起来，表达了民族文化之间的融合，古往今来的融合，故本次设计主题名称为《融》。整个系列运用蓝色来作为设计的主色，将故宫服饰体系中的专用色彩、代表性的面料和强烈可视性的服饰手工艺特征与近代中式传统款式相结合，使该作品具有较强的民族设计感和现代的审美取向。

　　我国是一个多民族融合的国家，服饰文化具有悠久的历史，从远古至今，人们用辛勤的汗水和聪明的才智，用本民族特有的手工技艺和特定的民族符号创造出具有深厚文化内涵和精湛工艺技术的服饰品。进入21世纪，信息空前地发达，国际一体化不断融合的背景下，当今服装产业正以其特殊的语言，呈现出各国、各民族服装之间的融合、借鉴、推陈出新的发展趋势，古为今用、中为洋用的设计手法在国际舞台中的频繁出现，东方元素在西方设计品牌中的多次使用，让越来越多的国家和民族重新认识中国、尊重中国、热爱中国、崇拜中国，使中国几千年沉淀的历史文化在历史前进的车轮中发扬光大。

　　本次服装设计从故宫中的服饰色彩、图案、配饰、手工艺术等在现代服装设计中的巧妙运用，既弘扬了民族文化又丰富了现代设计，既传承了民族服饰的精髓又推动了现代服装的广泛发展。中华民族文化博大精深，给服装设计师们提供了肥沃的土壤和养分，发挥本土的优势，用敏锐的设计思维，抓住当今的流行趋势，设计出展现中国特有民族气质的服饰品，在互为融合的设计过程中既弘扬了少数民族文化又丰富了设计的内涵。

图 1　主题灵感

图 2　面料参考

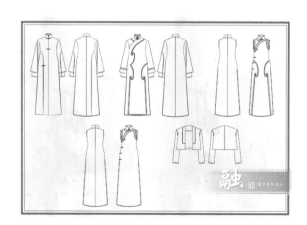

图 3　服装款式

图 4　效果展示

图 5　《融》系列设计

刘鹏林

嘉兴南湖学院教师

《缘》系列设计

硕士毕业于北京服装学院，现于嘉兴南湖学院担任讲师，主要研究方向为服饰文化、服装结构与产品研发。

- 主持2019年嘉兴市嘉兴学院创意设计中心招标课题"'南湖印象'主题丝巾与衍生产品创新设计研究"

- 主持2021年浙江省一流本科课程"纺织服装导论"

- 主持2021年浙江省文化旅游厅项目"浙江丝绸文化与旅游融合发展路径研究"

- 主持2022年浙江省课程思政示范课程"纺织服装导论"

- 2022年指导学生参加浙江省第6届服装服饰创意设计大赛获二等奖与三等奖

- 2021年指导学生参加浙江省第5届服装服饰创意设计大赛获三等奖两项

- 2020年指导学生参加浙江省第4届服装服饰创意设计大赛获一等奖与优秀指导教师奖

灵感来源于自然界造型多变、灵活流动的水，水变成什么形状，流到哪里取决于机缘巧合，不与万物争利，同时具有滋养万物生命的德性，接近于道，也比喻最高的善。作品名称《缘》借此表达万物缘生顺其自然的心境。款式借鉴清代中式马甲造型，整体结构宽松，剪裁中西结合，采用中式交领与立领设计，同时与现代衣身结构组合，塑造出合体的肩部造型。颜色采用白色与裸粉色结合。上衣面料采用真丝锦纶交织剪花绡面料，加棉绗缝处理，起到柔软保暖效果，形式上体现一定的体量感。裙子面料采用真丝麻布料，并选择不同经纬纱向塑造裙子造型。裙子造型与上衣搭配，细节处运用草染真丝顺纤面料进行设计点缀。领子面料选用提花双色真丝织锦缎，纹样选用海水江崖纹，呼应主题，主题以水喻道，道生万物生生不息。领子颜色同主题颜色吻合。整体搭配合理自然，可体现穿着者随性、纯净、淡然的风格（图1～图5）。

图1 主题灵感

图2 制作过程

图3 服装款式

图4 效果展示

图5　《缘》系列设计

《山涧水潺潺》系列设计

吴淑君

湖北工程学院教师

- -

主要从事中外服装史、服装结构与工艺、服装CAD、服装品牌设计与营销、服饰专题设计等课程的教学与研究，主要研究方向为中外服装史等课程的教学改革以及传统服饰结构的三维数字化应用等。

- 参与2017年湖北工程学院教改项目"服装设计课程创新教学实践研究"

- 主持2021年湖北工程学院教改项目"服装与服饰设计专业课程思政育人路径与教学改革研究"

- 参与2021年湖北省一流本科课程建设项目"服装面料再造设计"

- 参与2021年湖北工程学院金课建设项目"服装设计方法与原理"

- 参与2021年湖北省级资源平台共建项目"基于服装职业能力提升的校企协同育人资源平台建设与运行机制研究"

- 2018年获校级教学优秀奖

- 2020年获湖北工程学院教学成果奖三等奖

- 2021年获湖北工程学院首届课程思政教学竞赛优秀奖

- 2021年获校级"三育人"先进个人称号

- 2022年获校级教学优秀奖

- 2022年获第2届"智慧树杯"课程思政示范案例教学大赛本科教育赛道二等奖

《山涧水潺潺》系列服装设计（图1～图5）灵感主要来源于明代画家仇英创作的一幅绢本水墨画《浔阳送别图》，一片静谧的画面上群山及远处的村落隐没在山岚夜雾间，林木由黄转朱，正是秋天景色。和学习时所处的江南秋天雨后晨雾弥漫山头的景色有些许类似，让人心生喜爱和留恋之情。

　　色彩上主要取自《浔阳送别图》青绿山水画的配色，以绿色为主的清雅色用作本系列的主色，搭配蓝色以刺绣复合的方式呈现，再点缀对比色橘色，用作衣领、包边等细节处，小面积的撞色在增加造型层次的同时提升整体的精致度。服装款式上参考了周塘桥南宋墓出土的素纱对襟袍、轻纱背心和江西德安周氏墓出土的四破三裥裙，以及宋代古画人物的服装样式及搭配，并对这些具有特色的元素进行了二度创作，使它们更具有现代性。尤其是其中一款无袖连衣裙是尝试通过将宋代背心进行反穿的方式设计演变而来。面料上主要使用低碳节能、自然无有害物质、环保可循环利用的面料。例如，醋酸提花、真丝绡、欧根纱等环保丝质材料，做到传统创新的同时也兼具了自然环保。亮片面料的使用是本系列服装的一大亮点，绿色的亮片面料点缀在服装的领口、袖口处，其特有的光泽感恰似秋日阳光照耀下波光盈盈的水面。抽象图案的刺绣镂空面料搭配水墨微透的真丝绡，似水中影影闪烁的波纹或是溅起的浪花，极好地表现出水的灵动之感。希望通过使用突破常规汉服的材质带给人耳目一新的感受。本系列作品直接将画中的部分山石以图案的形式呈现在服装上，在轻薄透明质地的欧根纱上进行贴布绣的工艺，用层层叠叠不同色彩的面料来还原画中的山石，并加以钉珠工艺来表现细节。此外在工艺细节上采用了绲边、嵌条等传统工艺来增加整体的美观性。希望通过尝试以不同的工艺、材质或使用方式等与当代审美融合，来打造更符合当下需要的新汉服。因为我一直认为对于传统服饰真正的保护就是去继承和发展，只有让它与当下人们新的生活方式相融合，才能让这种服饰具有自己的生命力。

图 1　主题灵感

图 2　面料参考

图 3　服装款式

图 4　效果展示

图 5 《山涧水潺潺》系列设计

《荷合》系列设计

徐霜霜

广州南洋理工职业学院教师

广州美术学院艺术设计专业硕士研究生，研究方向为中国传统服饰结构与造型设计研究。

- 2022年作品《渊默》获第4届粤港澳大湾区高校美术与设计作品展暨第六届广东省高校设计作品学院奖双年展"优秀奖"
- 2022年作品《一方布》获第6届"米兰设计周——高校设计学科师生优秀作品展"非命题赛专业组广东赛区二等奖

"惟有绿荷红菡萏，卷舒开合任天真"。本系列服装设计以荷花为载体，将中国传统文化与当代文化、中国传统服装结构与当代生活方式、审美情趣进行融合，愿能为向往精致生活、追求典雅审美的当代人提供一种舒适的穿着方式。结构上采用传统的平面裁剪方式，通过折叠、抽褶等手法形成宽松的服装廓型，使人与服装融为一体；以手绘的方式在柔软、透亮的真丝面料上进行荷花图案的设计，清新而淡雅，结合宽松的服装廓型，整体服装传递出一种精致、典雅的韵味（图1～图3）。

灵感

惟有绿荷红菡萏
卷舒开合任天真
——李商隐

廓型

细节

工艺
色彩
图案

图1 设计过程

《荷合》

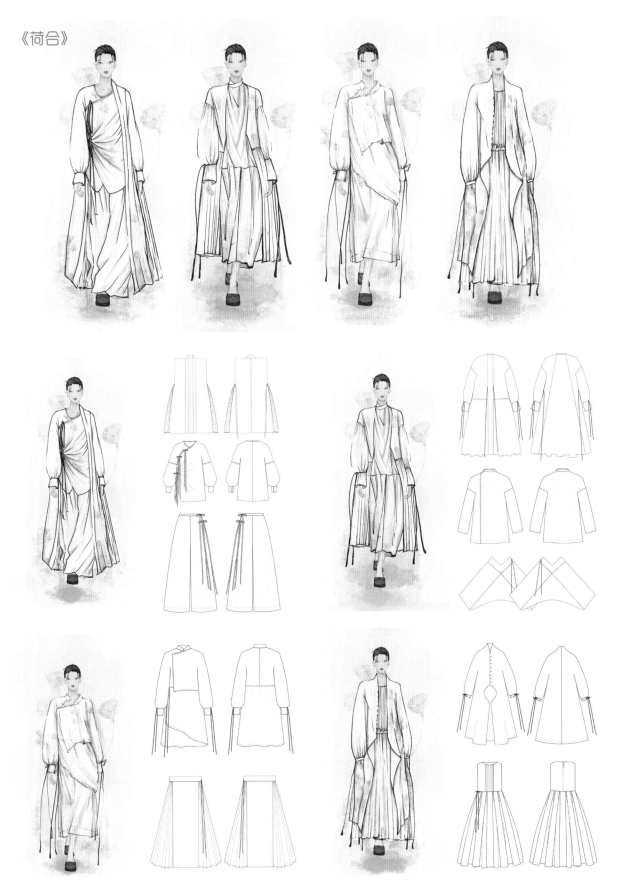

图 2　效果款式

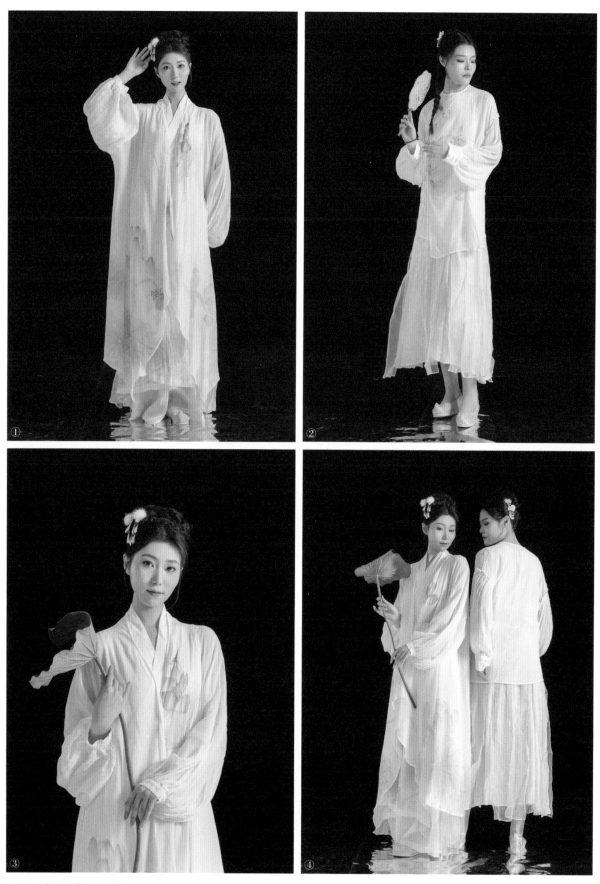

图3 《荷合》系列设计

《剪画吉服》系列设计

冯 蕾

齐鲁工业大学教师
北京楚樾文化艺术有限公司总经理

本科与研究生就读于东华大学，专业为设计学，马来西亚理科大学在读博士，专业为工业设计，设计技术方向。2017年入职齐鲁工业大学，任艺术设计学院服装与服饰设计系专职教师。主要从事服装与服饰设计专业的教学工作，研究方向为服装设计理论、服装面料改造、数字设计，设计作品关注中国传统文化的继承与发展。

- 主持2019年山东省"传统文化与经济发展"专项课题"胶东民间剪纸艺术在褶皱服饰中的应用研究"

- 主持2019年山东省艺术教育专项课题"虚拟现实技术在服装艺术设计教学中的应用研究"

- 主持2022年横向项目"新型工业压褶系列服装的技术开发"

- 2019年获山东省艺术与设计基本功教师组二等奖

- 2021年获米兰设计周全国艺术设计高校师生作品展优秀指导教师奖

- 2021年获校级青年教学名师，青年教学比赛一等奖

- 2022年获全国大学生数字艺术设计大赛优秀指导教师奖

- 2022年获米兰设计周全国艺术设计高校师生作品展优秀指导教师奖

- 2022年获山东省"超星杯"青年教师教学竞赛二等奖

服装系列设计《剪画吉服》（图1～图5）以山东民间剪纸为主题灵感，使用民国时期招远地区的剪纸为主要的图案提取对象。剪纸最早可以追溯到西周，后历经秦汉，发展于唐宋，在明清时期达到顶峰。作

为中国民间剪纸的主要发祥地的山东，剪纸样式更是丰富多彩。其中又以精巧的胶东剪纸最具代表性。剪纸强调传神，他们多采用阴阳结合的表现手法，虚实对比强烈，粗中有细，画面生动。在人们的印象中，剪纸以红色为主，但山东地区的剪纸由于不同的用途和场景，赋予了剪纸不同的色彩，其中大部分以民间的手绘为主。而民国时期招远地区的门笺纸，多出自艺术家之手，配色雅致脱俗。选择该主题的主要原因是对本土传统文化元素的现代运用进行探索，用服饰表达传统艺术的独特审美及多样性。

胶东剪纸的内容丰富，反映了人民对美好生活的期待，除了花、鸟、植物的元素，有的剪纸作品具有叙事性，反映了与当地人民生活息息相关的主题元素。在本服装系列设计中主要的图案元素提取自招远地区剪纸《天仙配》，在该门笺剪纸中的人物及元素皆与故事情节有关，有对于仙女及鹊桥的描绘，同时佐以鱼戏莲、蝶恋花等图案元素。

在汉服创新方面，本系列对汉服的改良程度大，设计适应现代穿着需求，款式改良自褙子、长衫、马面裙等传统汉服形制，运用基础款式与图案相结合，风格简单，接近于成衣设计。色彩提取自剪纸作品《天仙配》，以白色为主色，使用剪纸中的红色与藏青进行图案设计，在细节处使用剪纸绣的方式表达主题，整个系列较简单大方。

图 1　主题灵感

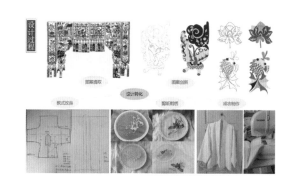

图 2　制作过程

图 3　服装款式

图 4　效果展示

① ② ③ ④

图 5 《剪画吉服》系列设计

张天驰

江苏凯利绣品有限公司总经理

《梁祝四韵》系列设计

- "非遗"沈绣代表性传承人
- 中级工艺美术师
- 高级乡村振兴技艺师
- 江苏省巾帼文创产业联盟副理事长
- 南通市海门区旗袍协会秘书长

坚守传统、勇于创新，设计创造了许多刺绣精品，荣获"苏艺杯"国际精品博览会金奖等诸多荣誉，把中国传统艺术传播到世界各地；致力于国家级非物质文化遗产沈绣的传承和发展，积极开展各类公益活动，让传统艺术走进寻常百姓家；用一名青年共产党员的责任与担当，为传统技艺沈绣的传承和发展奉献了自己的青春和智慧，用深厚的家国情怀谱写了一篇绚丽的青春华章。期望通过我的设计能带给更多人文化归属感，也希望能将优秀传统文化传播给更多新一代年轻人。

- 2016年刺绣作品《花团锦簇》获"艺博杯"工艺美术精品大赛银奖

- 2016年刺绣作品《小庭婴戏图》获"苏艺杯"国际精品博览会金奖

- 2017年刺绣作品《王鉴山水之四》获"苏艺杯"国际工艺美术精品博览会大赛金奖

- 2019年刺绣作品《春色满园》获第10届"艺博杯"工艺美术大赛银奖

- 2020年刺绣作品入选2020年"江苏好礼舒心相伴"江苏省特色伴手礼

- 2020年刺绣作品《山水》获"艺博杯"工艺美术精品大赛金奖

- 2021年刺绣作品《桃花鸳鸯图》获苏州第5届工艺美术精品展银奖

- 2021年获第2届中国妇女创新创业大赛优胜奖

- 2022年刺绣作品《冰清玉洁》获第6届东方工艺美术之都博览会优秀奖

- 2022年刺绣作品《玉兰》获"苏星 星火奖"

- 2022年获南通海门"十佳劳模"称号

- 2022年获"南通市青年岗位能手""南通优秀青年文艺家"称号

　　《梁山伯与祝英台》的爱情故事是我国古老的爱情传说，这组梁祝四韵，以梁祝经典爱情为设计基线，以梁祝化蝶的意象作为爱情的象征，紧紧抓住"蝶"的意象，将梁祝的生死爱恋与现代审美意趣完美结合，以四个不同阶段，多层次、多角度叙写化蝶之爱。

　　初相遇：淅淅沥沥的小雨，倚栏水榭，一个是翩翩少年郎，一个是女儿作男装，乍相逢。此款创新设计灵感来源于梁祝二人的相遇，将花语为"相遇"的天竺葵以印花、立体造花、刺绣的方式装饰于披风、腰际和裙身，既以装饰来点睛，也暗喻一切来自一场相遇。

　　心相知：同窗共读整三载，促膝并肩两无猜。纯洁无瑕的感情在二人心中悄然绽出了细碎欢喜。此款创新设计灵感源于梁祝二人的相知，星星点点的星星草与伸展的藤蔓似是两人之间的情愫在渐渐蔓延。底纱选择印花洒金面料，星星草用珠绣和平绣工艺，巧妙呈现出梁祝二人之间的绵绵心意。

　　幸相爱：此款创新设计灵感来源于梁祝二人的相爱，选取曼珠沙华而非玫瑰，是因为爱得热烈而绝望。底纱采用曼珠沙华图案的大面积印花，外纱右侧开衩，缀以立体花朵，行动时有摇曳之姿。两袖采用不对称设计，珍珠点缀，和珍珠腰链、手链形成呼应。

　　誓相随：碧草青青花盛开，彩蝶双双久徘徊。千古传颂生生爱，山伯永恋祝英台。此款设计采用了吊带礼服设计，通身为蓝紫渐变，胸口蝴蝶为立体装饰，采用刺绣工艺，仙韵流转，裙摆的蝴蝶和花树既有印花亦有刺绣，有虚实结合的效果，勾连过去与现在，穿梭现实与幻境。

　　在讲好梁祝故事的基础上，我们用刺绣、印花等多种设计元素表现不同的阶段与意象，既有中国传统文化的审美，又有现代服装设计的创新，用温柔而浪漫的女性表达，烘托旷世蝶恋的艺术效果。希望能用我们的设计弘扬中华优秀传统文化之美，讲好中国故事（图1～图5）。

图1　主题灵感

图2　面料工艺

图3 服装款式

图4 效果展示

图 5　《梁祝四韵》系列设计

《秋扇见捐》系列设计

陈婷婷

北海艺术设计学院西南少数民族服饰博物馆常务副馆长
北海古今中外服装有限责任公司董事长

主要从事服装设计与制板、法式创意立体剪裁、男装西服制作、女装高级定制、法式刺绣、中国传统服饰及西南少数民族服饰、时尚科技与创新、全渠道零售、时尚战略与系统、全球与当地领导力研究、可持续时尚等方向的研究与实践。

- 参与2010年度新世纪广西高等教育教学改革工程项目"民办高等院校'3+1'教学模式研究与实践"

- 参与2013年度广西高等教育教学改革工程项目"高职院校饰品设计课程主题式教学模式研究——以北海本土地域文化为依托的饰品设计"

- 参与2018年度广西高校中青年教师基础能力提升项目"广西南丹白裤瑶服饰文化在当代艺术创作中的应用研究"

- 参与2019年度广西职业教育教学改革研究项目"应用型民办本科'内容、路径、检测'三位一体创新创业教育模式的实践研究"

- 参与2020年度广西高校中青年教师基础能力提升项目"北海市南珠文化建设的研究"

- 2015年作品《Coup de Coeur》获ESMOD校级第一名

- 2015年作品《RED CARPET GREEN DRESS》获全球奥斯卡绿色红毯礼服设计大赛金奖

- 2021年作品《花彩·绣》获第3届"黄炎培杯"中华职业教育社"非遗"创新大赛广西区赛二等奖

　　本次系列设计（图1～图3）灵感来源于西汉女子班婕妤的传奇经历。班婕妤是一位文采出类拔萃、品行端正、相貌秀美的奇女子。她与汉成帝的爱情故事亦为后人广为流传。本作品的名称亦来自班婕妤所作之诗《团扇诗》："新裂齐纨素，皎洁如霜雪。裁作合欢扇，团团似明月。出入君怀袖，动摇微风发。常恐秋节至，凉意夺炎热。弃捐箧笥中，恩情中道绝。"通过古籍与书画对西汉时期女子服饰文化的调研，本系列艺术再现了班婕妤的衣着风貌。在顾恺之的《女史箴图》中描绘的班婕妤像中，其所梳发式似为倭堕髻的另一式，并有向一侧倾倒之势。《古乐府》中有："头上倭堕髻，耳中有明月珠。"额间点花子，髻顶亦插以金爵花钗、步摇。衣裳的形式为上衣下裳，裙垂飘带。内着交领短襦，外披大袖直裾深衣，下着长裙为双裙，整体形象飘逸俊美。基于此服装造型之上，本系列衍生了其他几种可能的穿搭方式，如上穿交领宽袖衫，下着间色裙，裙幅曳地。

　　在色彩的选择上，整体的色彩借鉴了中国传统建筑的配色形式。色彩的饱和度较高，华而不艳，既展现了班婕妤作为皇妃的尊贵地位，又展现了她清新脱俗的人物气质。面料的选择也基本以轻纱薄料为主体，仅以领口处衣花卉刺绣为装饰，整体服饰朴素而优雅。

图1　主题灵感

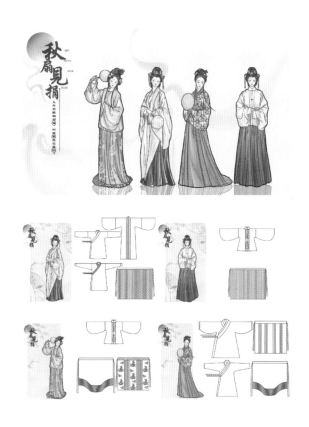

图2　效果款式

图 3 　《秋扇见捐》系列设计

《觉色》系列设计

- 中国服装设计师协会会员
- 江苏省服装设计师协会会员
- 江苏省科普美术家协会会员
- 北京朱氏兄弟科技有限公司签约影视服装设计师

孟 良

南京特殊教育师范学院教师

曾任北京楚和听香服装服饰有限公司服装设计师、北京华裳锦绣服装有限公司影视服装监制，2019年至今，担任南京特殊教育师范学院服装与服饰设计专业教师。参与戏剧主要有：电视剧《唐砖》《新白娘子传奇》《爱上北斗星》《民国奇探》《惹不起的殿下》《漂亮书生》《有翡》《如意芳菲》《离人心上》《一念永恒》和电影《封神三部曲》等。

- 2021年作品《嬷嬷人》获第15届创意中国设计大奖二等奖
- 2022年作品《满洲》获中国创意设计年鉴金奖
- 2022年作品《信仰》获中国创意设计年鉴金奖

唐代女性服饰是中国服装发展史中，最为精彩的篇章。色彩艳丽但又不失淡雅，不会给人较强的刺激性感受，呈现一种丰美华丽之感。唐朝女性服饰，以襦裙为主。颜色主打红、黄、紫、青这些基本色，整体色调偏淡，和谐雅致，又能够很好地凸显女性特征。

本系列（图1~图5）服装灵感来源为唐代供养人服饰，从中挖掘和整理出经典的大唐服饰元素，提取唐代服饰廓型，用现代时尚感的面料创作出最新的系列作品。高腰襦裙、半臂、大袖短袄等经典的唐代服制在保留原有形态神韵的基础上，以更现代、更简约的时尚设计手法呈现。颜色以橘红色系为主，宫阙红、中国红、故宫红墙黄瓦热烈明艳却显威严，赤红之色，五行属火，火生中央土，似太阳，象征光明、生机似火焰，代表温暖、热情，寓意喜庆、热闹、祥和、吉祥，见证着泱泱大国几千年，不曾中断的历史和文化，承载着衣冠之国乐远朋，有容乃大的热情和自信，是中华民族与时俱进传承发展的生命底色。唐锦提花缎、丝毛提花缎、真丝素缎、真丝罗为主要面料，面料纹样具有色彩艳丽、图案精美、装饰手法独特等特征，具有鲜明的唐代特色及审美特征。服装工艺采用了中国传统服饰的包边、滚牙、包绳等手工技艺，也是中国"衣冠上国""礼仪之邦""锦绣中华"的体现，承载了华夏民族杰出工艺和美学。在服装设计的创新思维过程中吸取中华优秀传统服饰手工技艺、思想与理念的精华并将其融入本次设计中，提倡设计风格的多元表达形式，在设计文化内涵的深度和广度上进一步探索。本系列服装面料独特，款式简约不简单，具有市场卖点。

图 1　主题灵感

图 2　色彩提取

图3　服装款式

图4　效果展示

图 5 《觉色》系列设计

张 锦

湖南汉派服饰艺术研究院有限公司教研总监

《黄小姐的衣橱》系列设计

• SONIA FIORENTINO（意大利）品牌
  总监

• 秦裳汉韵服饰有限公司设计总监

• 江西珊合设计有限公司艺术总监

硕士毕业于柏丽慕达时装学院系列设计专业，擅长国际艺术教育，同时也是一名汉服设计师。多年来密切关注汉服行业发展，对汉服设计拥有独到的理解和眼光。

本系列（图1～图5）是以宋代贵族女子黄昇为设计缪斯，以传统系列"黄昇服装复原"，和现代系列"当黄小姐穿越到现代"为设计思路，完成具有宋代风格特色的两个系列设计。

汉服作为华夏民族传统服饰，应该与时俱进，我们在深入研究传统服饰、传统工艺、传统工艺面料的同时，也应该让汉服具有实穿性、潮流性。因此，我将传统系列和现代系列结合成一个系列，两个系列有相通的板型、相通的工艺等。同时，现代的穿着方式和宋代有着巨大的差别，因此，为传统的服饰赋予新的穿着方式也是本系列挖掘的内容。

"黄昇服装复原"系列，将黄小姐的年龄、个人风格喜好、宋代美学融入系列中，参考《福州南宋黄昇墓挖掘报告》，板型选用黄昇墓出土文物板型，包含袍、单衣、背心、裙等；颜色上参考宋代艺术作品配色；面料选用具有宋代特征的传统工艺面料，如罗、绫、绢等；纹样工艺上选用黄小姐服装文物中出现的如印金填彩、刺绣、印花彩绘等工艺，完成该系列设计。

现代系列是以"黄小姐来到现代会怎么穿着打扮？"这一命题进行的系列设计，黄小姐具有宋代传统审美观念，同时作为一个17岁的少女，对于美丽的、新奇的服饰，想必是非常乐于尝试的。

为了区别"古今"，设计师选用了牛仔作为设计元素，牛仔作为典型的现代才出现的面料产物，具有广为人知、可塑性强、风格多样化等特点。在色彩上，不同水洗工艺、可以让牛仔呈现从白色到藏蓝的一系列不同的色彩；处理工艺上，牛仔通过激光烧花、激光切割、普通水洗、刺绣、猫须、毛边等，可以创造出种类繁复的肌理效果；牛仔作为一种蓝灰色调面料，通常选用橙黄牛仔线车缝、并压双线明线迹，同时因为先车缝后水洗工艺，又会出现皱缩后牛仔独特的纹理。因此，当黄小姐穿越到现代，作为她的专属设计师，我会为她推荐的第一个系列，就是牛仔系列服饰。

图 1 情绪板面

图 2 主题灵感

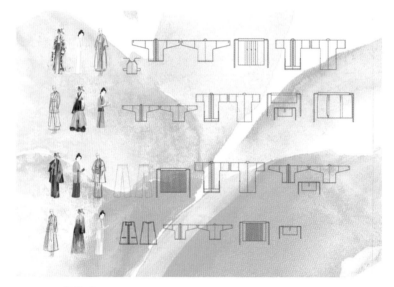

图 3 服装款式

图 4 效果展示

图 5 《黄小姐的衣橱》系列设计

《魏晋风度》系列设计

王 希
山东工艺美术学院教师

本、硕毕业于中央戏剧学院，从事戏剧影视人物造型设计工作近十年，研究专长为舞台服装设计、木偶造型设计。承担多部话剧、音乐剧、偶剧、影视剧以及民族歌舞实景演出的人物造型设计及筹备工作，在舞台人物造型设计方面理论基础扎实，实践经验丰富。

● 2018年作品《偶·遇》获北京市大学生人物造型大赛三等奖

"唯大英雄能本色，是真名士自风流"，魏晋南北朝时期，社会动荡不安，政权更迭频繁，受佛教与道家思想的影响，人们崇尚自然，追求逍遥率真，自在超脱，从竹林七贤便可见一斑，这种独特的"魏晋风度"打破了长期以来儒家的礼制服饰观，将自由洒脱的穿衣风格体现得淋漓尽致，造就了魏晋时期服饰的时代特色，服饰材质的特殊更显风流。因此"褒衣博带"成为上至贵族下至平民的流行服饰。以宽衣大袖为时尚，力求轻松，自然，随意的感觉。

魏晋妇女服饰多承汉制，以衫、袄、襦、裙、深衣等为常服，流行衣裳分离的"上襦下裙"的搭配形式，确切地讲是"短襦长裙"的襦裙形制与先前流行的连衣裳而纯之以采，长及足踝的深衣形成对比并同时流行。上身穿半臂褶子，下身着多折裥裙，腰间饰有纤髾，衣服层次分明，上俭下丰，袖口宽大，长裙曳地，大袖翩翩，饰带层层叠叠，表现出优雅和飘逸的风格。

本系列（图1～图5）以现代人视角窥探魏晋风度之一二，四套设计以敦煌第285窟壁画、甘肃省酒泉市丁家闸的5号墓壁画、顾恺之画作《女史箴图》和《洛神赋图》，2022年甘肃花海毕家滩26号墓出土文物等为参考依据。对其大袖襦、直领襦、曲领襦、半臂褶子、间色裙等衣裳形制进行了艺术再现。通过魏晋风度下的一针一线，寻觅那个时代的印记。穿戴既是一种时尚，自然就会打着时代的烙印，体现着那个时代的历史与人文情怀。因此，本系列除了描绘魏晋南北朝时期女子的服饰风貌及其基本样式外，还力争把它们放在当时的历史环境中，揭示其背后所隐含的社会文化、生活状态与情趣。因为服饰不仅仅是一个物件，更是人们社会生活的历史见证，拥有丰富的文化内涵。衫裙翼翼、步摇生辉，在六朝女子灵动、飘逸的形象背后，还有很多故事等待我们去发掘、去品味。

图 1　色彩提取

图 2　图案设计

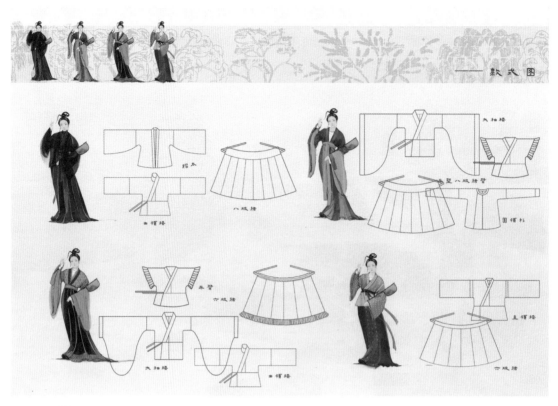

图 3　服装款式

图 4　效果展示

图 5 《魏晋风度》系列设计

《茶凤颂古》系列设计

- 三级艺术创意设计师
- 中国服装设计师协会会员
- 中国纺织工程学会会员

王小萌

苏州城市学院教师

本、硕毕业于苏州大学，多年来主要致力于服装设计思维与方法、丝绸艺术美学、中国传统服饰及新中式服饰等方向的研究。主持参与江苏省社科应用研究精品工程课题、江苏省高校哲学社会科学研究项目、苏州市社会科学研究项目等。已发表多篇学术论文，已出版多部专业教材；服装设计作品多次获得国家级、省部级奖项等；理论与实践经验丰富。

- 主持2018年江苏省高校哲学社会科学研究一般项目"同质化现象下现代印染艺术在针织服装设计中的应用"

- 主持2019年苏州大学文正学院教材立项项目"服装款式设计与效果图表现技法"

- 参与2020年江苏省高校哲学社会科学研究重大项目"新时代江苏丝绸艺术创新研究"

- 参与2020年苏州大学文正学院教改课题"新时代高校艺术设计专业写生现状及培育路径——专业写生类课程向设计思维转化的研究"

- 主持2021年苏州市社会科学研究项目"新时代苏州丝绸艺术创新及对策研究"

- 主持2022年江苏省社科应用研究精品工程课题"新时代苏绣艺术传承与产业创新发展路径"

- 主持2022年苏州城市学院高等教育教学改革研究课题项目"地方性应用型高校设计学实践教学模式的改革与创新"

- 2017年作品《五谷杂粮》获"濮院杯"中国针织设计师大赛二等奖

- 2017年作品《探寻服装风格之美》获全国高等学校微课教学比赛江苏省二等奖

- 2017年获苏州市高新区"苏绣小镇"LOGO征集设计大赛优秀指导老师奖

- 2020年获首届中国苏州（甪直）水乡妇女服饰创意设计大赛优秀指导老师奖

- 2020年获第5届GET WOW互联网时尚设计大赛优秀指导教师奖
- 2022年作品《木兰赋》获未来设计师全国高校数字艺术设计大赛江苏省教师组二等奖
- 2022年获苏州国际设计周青年设计师艺术与设计大赛教师组二等奖
- 2022年获第2届"繁华姑苏杯"文创精英挑战赛铜奖及优秀指导老师奖

服装设计作品（图1～图3）灵感源于北宋文学家、书画家苏轼所作诗词《望江南·超然台作》中的一句诗词："且将新火试新茶，诗酒趁年华。"半壕春水，一城春花，烟雨江南中坐落着千万人家。吟好诗，品新茶，春光灿烂，不负韶华。设计作品提取中国茶道中的品茗，以酸甜苦涩调太和体现中庸之道；以朴实古雅去虚华比喻行俭之德；以奉茶为礼尊长者彰显明伦之礼；以饮罢佳茗方知深表达谦和之行。系列一《茶鳯颂古》为复原类汉服创新设计；明制汉服是指明朝时的服式，专指明朝这段时间的汉服。明太祖朱元璋根据汉族的传统，"上承周汉，下取唐宋"，重新制定的服饰制度。在形制方面，以明制汉服为主、如对襟外套、交领、马面裙等；系列二《一曲茶炉暖春色》为新中式汉服创新设计；在形制方面，主要提取了传统汉服廓型，通过适当的板型转化，呈现出具有东方意蕴的形制风格；在细节设计方面，系列一与系列二均采用了立领、盘扣等设计元素，系列一为复原再现细节，系列二为创新融合细节，从不同的审美角度去体现传统型与创新型汉服的形象特征；在色彩方面，两个系列作品以清新雅致的绿色系为主色调，通过运用不同深浅变化的绿色，重点突出"茶"元素的色彩视觉印象；在面料方面，主要采用亚麻、桑蚕丝等面料，以手工缝合的形式进行创意拼接。将亚麻面料的粗糙肌理感、桑蚕丝面料的光滑亮泽感等多种天然纤维进行有机融合，生成复合型创新面料。怀揣中国文化，彰显"精神自由、民俗融合"的设计理念。

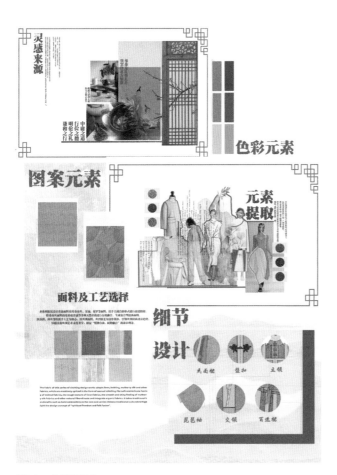

图1 主题灵感

2022 年度国家艺术基金《汉服创新设计人才培养项目》学员 王小萌

2022 National Art Fund "Hanfu Innovative Design Talent Training Project" trainee Wang Xiaomeng

复原颜——汉服创新设计

设计说明：

重现来源于北宋文学家、书画家蔡襄所作诗词《望江南·超然台作》中的一句诗词："且将新诗试新茶，诗酒趁年华"，草绿春水，一城春花，烟雨江南中生落著千万人家。哈好诗，品新茶，春光灿烂，不负韶华。

本系列设计作品为复原汉服颜；设计灵感均取自中国茶道中的品茗，以股如茗颜太和楷就中庸之度；以朴实古颜表虚草比晦行验之妙；以庠为礼莴长者彰颜明偏之程；以牧巷佳旻方和深柔连緝扣之行，形製上选取了明製汉服中的立颜，琵琶袖，马面裙，刺褶上衣，百选裙等恒典养素；色彩以清新自然的绿色系为色调规格，给人以自然精敏的视觉效果；服装面科采用重麻，秦鬓绣等面科，以手工组合的形式进行刺亮拼接。将重麻面科的粗糙短现减，秦鬓绣面科的光滑亮滑等多桂天然织维进行有机结合，生成复合整刺新面科。作品依据中华传统文化，刻顺"精神自由，民俗融合"的设计理金。

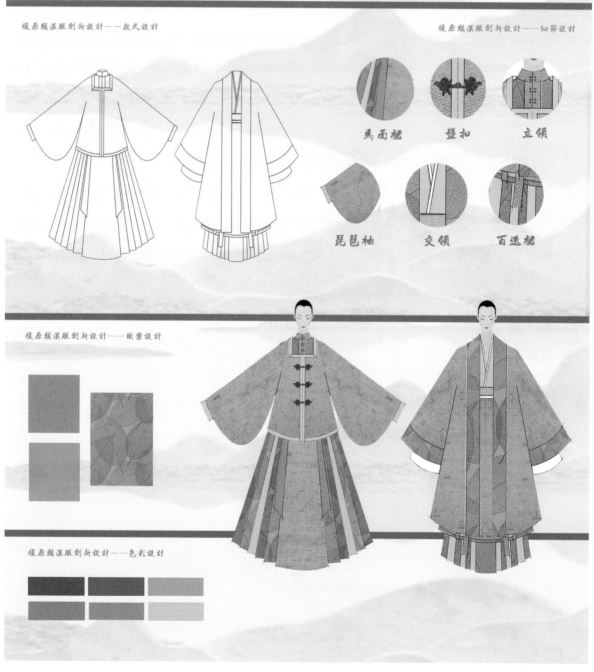

复原颜汉服创新设计——款式设计

复原颜汉服创新设计——细节设计

马面裙　　盘扣　　立领

琵琶袖　　交领　　百选裙

复原颜汉服创新设计——图案设计

复原颜汉服创新设计——色彩设计

图2　效果款式

图 3　《茶鳯颂古》系列设计

《篱园春集》系列设计

刘 璐

浙江省宁波市凯信服饰有限公司设计师

在攻读硕士期间,研究小组跟随导师及东华大学、上海三枪集团一同举办了"中华杯新中装(男装)设计大赛",在比赛准备前期,研究小组翻阅大量文献资料,多次开会整改,梳理了历朝历代汉服的演变进程,由此开启了我对于汉服发展初步的认识。

- 2017年作品《羽墨》获"红绿蓝杯"第9届中国高校纺织品设计大赛大提花及数码印花织物组三等奖
- 2018年作品《freestyle》获第25届俄罗斯皮格马利翁国际服装大赛一等奖
- 2019年作品《猗》获三枪中华杯新中装(男装)设计大赛优秀奖
- 2020年抖音短视频线上内容设计与运营获"互联网+"上海赛区二等奖

设计以《篱园春集》为题,选取自《春日山居即事》中的篱、春两字,款式基于明代服制的基本造型,面料基于水田衣的基本形式,色彩选取春日清爽的色调,元素选取古代的吉祥纹样,鹤和鹿。由这些元素组成一系列服饰设计(图1~图5)。设计灵感源于明代王廷陈所作《春日山居即事》一诗:"草动三江色,林占万壑晴。篱边春水至,檐际暖云生。溪犬迎船吠,邻鸡上树鸣。鹿门何必去,此地可躬耕。"该诗描绘了当时的民间场景。明代时期,民间百姓一般较为贫苦,一个篱笆小院,一间茅草屋,几件补丁的衣服成为常见的生活图景。由各种碎布裁剪成长方形或菱形布片拼合而成的"水田衣"由此产生,流行于百姓之间,后传入上层社会。水田衣曾风靡一时,几乎每个明代女子都会有一件属于自己的水田衣。

色彩设计方向整体定为清冷淡雅的色调。明代服饰色彩较为繁复且颜色较为深沉,而现代社会的服饰色彩更偏于清新淡雅。为符合现代流行趋势,我将色调定为高明度色彩。围绕《篱园春集》,整体上选择冷色调，以蓝绿色系为主色调，给人以清爽之感。并且以银白色、米白色、金黄色为辅色，搭配进行色彩设计，使色彩更丰富，又不凌乱，整体更加透气。选取一些乡间村落的照片进行颜色提取，并降低整体明度，使其更适合服装使用。图案元素灵感来源于《春日山居即事》中的，"鹿"和"鸡"，提取这两种元素后，发觉鹤更加有闲情淡雅之意，故将"鸡"改为"鹤"；由于鹿在山林中，山林多松柏，故以松树为另外的元素和鹿搭配组成一个图案；由于鹤经常立于水上，水中多荷花，故以荷花为另外的元素和鹤组成一个图案。另外由于春日多花草，故以花卉图案为辅图。

基于以上基本构成要素，《篱园春集》的款式设计得以完成。通过这次汉服创新项目，我对汉服有了更加深刻的了解，也在此呼吁更多人加入到振兴中华民族服饰的伟大实践中来。

图 1　主题灵感

图 2　色彩提取

图案版

图案A   图案B   图案D

图案元素灵感来源于《春日山居即事》中的几个字,"鹿"和"鸡",提取这两种元素后,发觉鹤更加有闲情淡雅之意,故将"鸡"改为"鹤";由于鹿在山林中,山林多松柏,故以松树为另外的元素和鹿搭配组成一个图案;由于鹤经常立于水上,水中多荷花,故以荷花为另外的元素和鹤组成一个图案。另外由于春日多花草,故以花卉图案为辅图。

图案C

图3　图案设计

《春日山居即事》
明·王廷陈

草动三江色,林占万壑晴。
篱边春水至,檐际暖云生。
溪犬迎船吠,邻鸡上屋鸣。
鹿门何必去,此地可躬耕。

简园春集

图4　效果展示

图 5 《篱园春集》系列设计

《盛》系列设计

刘春晓

独立设计师

硕士毕业于江南大学设计学院艺术设计专业，研究方向主要为服饰文化与染织图案设计，已有4篇学术论文被北大核心期刊录用，多件设计作品在全国各大比赛中斩获银奖、铜奖等，积累了丰富的设计经验。

- 2018年获第2届中国"大唐杯"袜艺设计大赛最佳创意设计奖

- 2019年获"红绿蓝杯"中国高校纺织品设计大赛二等奖

- 2019年获"海宁家纺杯"中国国际家用纺织品创意设计大赛铜奖

- 2019年获中国国际面料创意大赛最具潜力奖

- 2019年获第2届江苏省大学生刺绣设计大赛银奖

- 2019年获首届"中和杯"纹样创意与时尚造型设计大赛优秀奖

本设计（图1~图3）以格物所蕴含的哲学内涵为背景，将方格骨格形式与鹿纹融合，探索传统纹样与现代设计有机结合的应用方法。主题图案的灵感来源于唐代联珠花树对鹿纹锦，此织物残片藏于中国丝绸博物馆，连珠窠环直径在25厘米左右，窠环上、下、左、右各有一个回纹装饰，每个回纹之间饰有五颗联珠。窠内的树下对鹿是典型的唐代团窠纹样，窠内鹿纹形象原型是西域引进的大角马鹿，该主题纹样在唐代的流行离不开古人的崇鹿文化，狩鹿与食用鹿肉在古代十分常见，而马鹿在现代属于国家二级重点保护动物，对此类纹样的创新应用，不仅展现出古代与现代对于动物纹样应用的不同思想观念的碰撞，也希望让现代受众更加了解国家保护动物的种类。辅助纹样的灵感来源于敦煌壁画《鹿王本生图》（局部）。秉承中国古代服饰中的"图必有意、意必吉祥"，"鹿"谐音"禄"，有"加官进禄""福禄双全"等吉祥意义，紧扣现代受众心理需求。唐代联珠花树对鹿纹图像有着圆润饱满、形式均衡、层次分明的特点，结合敦煌壁画《鹿王本生图》（局部）的禅意图案风格，对主题图案进行创意设计，与消费者审美意象调研结论相融合，消费者定位为20～30岁女性，设计效果图，将创新型团窠动物纹样应用于现代女装与配饰设计中，再现传统吉祥纹样之美。以联珠花树对鹿纹中的鹿、花树、联珠纹作为初始纹样元素，对其进行纹样创新设计。其中，对鹿纹进行了形态的具象化描摹后，为丰富图案的生动性，衍生出奔鹿的形象。接着，对花树图案进行了视角的转变，一改图像之前的侧视视角，以俯视视角对图形进行了简化与几何化设计。

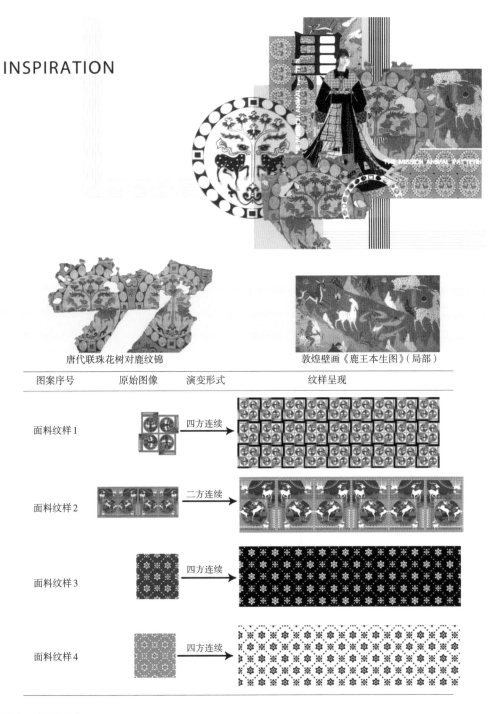

图 1　主题灵感

图 2 效果展示

①

②

③

④

图3 《盛》系列设计

《墨刻》系列设计

孟 旭

独立设计师

专业出身的我钟情于东方纹样元素的古典美，也着迷于中华独特色彩体系的浪漫美。在不断的服饰文化学习和社会阅历积累下，我对中华服饰有了更加深入的认识和体会，所以在工作中我会本着批判传承和开拓创新的原则将中华传统服饰文化融入当代的设计中，让人们从崭新的角度认识中国服饰文化和传统工艺，不断提升我们民族的文化自信。

- 2019年获中国年轻设计师创业设计大赛优秀设计师奖
- 2022年获安徽省工业设计大赛华翔杯专项赛一等奖

以中国文房四宝中的砚台为灵感，将砚雕文化，融入时尚服装中，砚雕有着独特的艺术（图1~图3）风格，其花纹浑厚朴实，美观大方。此系列设计用服装表达苏派砚雕精湛的雕刻技艺，并诠释：中国匠人的匠心精神和深厚极具魅力的东方文化。此系列作品在制作中，以中国古代冕服中的冕旒作主要装饰元素。使用珠子、管珠等材料点缀服装，增强层次感和传统文化韵味。另外《周礼·天官》中记载，周朝专设染人职位，掌染丝帛。《诗经》中"终朝采蓝"是民间运用植物染色的真实写照。使用植物染材料进

图1 主题灵感

行染色绿色有机，减少染织过程中的废水量。可以做到与自然和谐共生，返璞归真。将植物染大规模运用在染织行业中，可以在染色生产中，减少对环境的污染，同时在经济农作物中，尤其是将农作物农废产品，如石榴皮、花生皮等，作为植物染色剂的提取原材料，可以完成一个绿色循环，农业（农产品/农废物）—染织业—农业。农产品提取颜色后，制成有机肥，再反哺农业。不仅可以提高农产品收入，而且绿色环保。

本作品运用自然之材料，表达了取自自然还于自然，不浪费自然之力，人与自然和谐发展，可持续发展，道法自然：人类与天地万物共荣共存的生态关系，和中国文化的潮流引领。

图2 效果款式

图 3　《墨刻》系列设计

《观众生品》系列设计

苏 芮

独立设计师

主要研究方向为中国传统服饰设计创新研究，曾参与2019年陕西大唐芙蓉园《大唐追梦》大型户外情景舞台剧服装设计工作，参与2022年冬奥会和冬残奥会颁奖礼服设计工作。

- 2015年获全国大学生英语竞赛（NECCS）特等奖
- 2015年获第7届河南省翻译竞赛一等奖
- 2016年作品《跑帷子》获汤阴首届"文新杯"剪纸大赛三等奖
- 2017年国家级大学生创新创业训练计划（SPCP）主持人
- 2018年获河南省"优秀毕业生"称号
- 2020年作品《Moon Recombination》获中国平湖（羽绒类）服装设计大赛最佳创意奖并发表于《国际纺织品流行趋势》
- 2020年获中国纺织工业联合会"纺织之光"学生奖
- 2020年获北京服装学院研究生国家奖学金
- 2021年获北京市"优秀毕业生"称号

本系列《观众生品》服饰设计以丝路敦煌艺术文化和莫高窟唐代维摩天女为灵感，以中国传统服饰文化为内核，以时代创新精神为风貌，以浪漫主义风格为气象，以创意成衣为服饰风格，对敦煌莫高窟唐代维摩天女这一意象的解构以及意境的重组，旨在塑造新时代女性风度翩翩、丰神俊朗的形象和自信洒脱的人文气质，丰富当代女性服饰文化，以及表现衣以载道、溯本追源的当代服饰创新设计精神（图1～图5）。

INSPIRATION

The collection is inspired by the Vimala Deva in the Tang Dynasty of Dunhuang Mogao Grottoes and Dunhuang art culture. It takes the traditional Chinese clothing culture as the core, takes the innovative spirit of the times as the style and shapes the image temperament of women who are rich and handsome, expressing the modern innovative design spirit of clothing.

图 1 主题灵感

COLOR

#fffff   R:255 G:255 B:255
C:0 M:0 Y:0 K:0

#e1e1e4   R:225 G:225 B:228
C:14 M:11 Y:9 K:0

图 2 色彩提取

2022年国家艺术基金项目《汉服创新设计人才培养》
2022 NATIONAL ARTS FUND INNODESIGN TALENTS TRAINING ON HANFU

本系列《观众生品》服饰设计以丝路敦煌艺术文化和莫高窟唐代维摩天女为灵感，
以中国传统服饰文化为内核，以时代创新精神为风貌，以浪漫主义风格为气象，
以创意成衣为服饰风格，对敦煌莫高窟唐代维摩天女这一意象的解构以及意境的重组，
旨在塑造新时代女性风度翩翩、丰神俊朗的形象和自信洒脱的精神气质，
丰富当代女性服饰文化，以及表现衣以载道、溯本追源的当代服饰创新设计精神。

STYLING

FRONT   BACK

FRONT   BACK

FRONT   BACK

FRONT   BACK

图3　服装款式

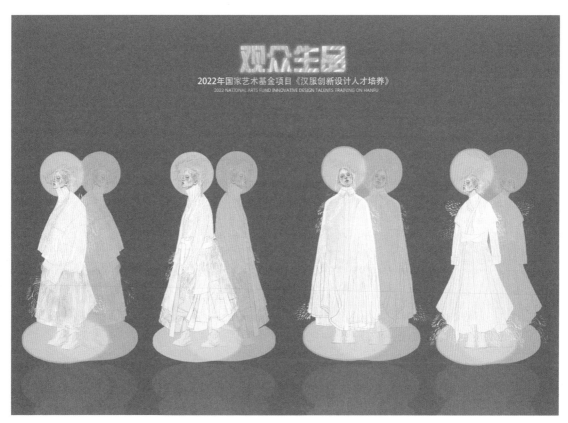

图4　效果展示

图 5 《观众生品》系列设计

《宁静致远》系列设计

吴文基

独立设计师
高级化妆师
东田造型学校特聘讲师

从小习画，有扎实的绘画功底和丰富的想象力，对生活和事物具有敏锐的洞察力，擅长用独特的设计思维和可持续的理念，将传统文化通过现代设计手法进行表现，设计作品体现了服装与人体、艺术与商业的有机结合。

2018年毕业于北京工业大学，曾任River Tooth品牌男装设计师，负责刺绣与印花设计；担任"小鹏飞行汽车服饰设计研发"项目总设计师，负责第三代飞行汽车X3驾驶员等服饰设计；自2014年至今，活跃于国内外赛事和展览，获奖累计20余项。

- 2018年作品《阿嬷》获柯桥"中国轻纺城杯"金奖

- 2018年作品《恋我癖》获"大连杯服装设计大赛"银奖

- 2018年作品《脱影重生》获"第三届深圳创意设计"新锐奖

- 2019年作品《遥远的信息》获"海峡杯工业设计大赛"银奖

- 2019年作品《大艺术家》获"海峡杯工业设计大赛"铜奖

- 2019年作品《关于奶奶的回忆》获"深圳环球设计大奖"银奖

- 2019年作品《苗不可言》获"大运河文化创意设计大赛"银奖

- 2019年作品《无用》获"璞之初人物造型设计大赛"东田奖

- 2020年作品《拾荒者的乐趣》获"大浪杯女装设计大赛"金奖

- 2020年作品《拾荒者》获"紫金奖文化创意设计大赛"银奖

- 2020年作品《蓝染的创新设计》获"温州国际双年展"全场大奖

　　笔直的竹子也可以压弯了腰，也可以像个巨大的蒲扇一样随风起舞，叶子像灯笼一样散发着幽幽的光，梅花从溪水里长出来，像冬日的荷叶一样衰败却充满了生气。我仰望浩瀚的星空，在天地间遨游，仿佛和枯叶一起从高空落下，感觉到自己的渺小，我呆呆地看着大山与高耸的树木，我会流下眼泪。在故乡的溪水里疗愈，溪水潺潺流过耳边，包裹住我的身体，像一个疗伤的场所，清凉的溪水让我恢复活力。

　　当我行走在群山之中，在林间穿梭，这种亲密感会变得更加强烈，他们永恒的存在感对我产生了深远的影响，这种亲密无间把我带入一个宁静致远的世界：平静静谧的心态，不为杂念所左右，只有心境平稳沉着、专心致志，才能厚积薄发、有所作为，宁静不是平淡，更非平庸，它是一种修养，一种充满内涵的幽远（图1～图3）。

灵感与色彩

《富春山居图》元　黄公望

图1　主题灵感

图2 效果款式

图 3　《宁静致远》系列设计

崔 艺

杭州伊美源实业有限公司设计师

《四时锦·似识今》系列设计

硕士毕业于江南大学设计学院设计学专业，擅长图案创新设计，主要从事传统服饰创新设计与服饰文化研究，在CSSCI、北大核心、CSCD扩展版等期刊发表多篇高质量文章。曾任帽仕汇品牌设计师，积累了图形及其工艺实践的综合经验。坚持对传统服饰造物基因的继承与创新实践，着力于探索传统服饰与时尚表达间的平衡关系，在日常工作与赛事中不断沉淀。

- 2018年作品《Generations》获第3届"汇鸿杯"创新设计大赛优秀奖

- 2019年作品《细嗅蔷薇》获首届"中和杯"纹样创意与时尚造型设计大赛优秀奖

- 2019年作品《沉默的激情》获首届"军服文化创意设计大赛"创意潜力奖

- 2020年作品《时新生》入选"时尚有我 共克时艰"中国战"疫"暨第3届中国时装画大展

- 2022年作品《四时锦·似识今》获全国宋韵服装时尚设计大赛银奖

四时景物皆成趣，一切景语皆情语。

陆游在《老学庵笔记》里，对宋代民间节庆风俗有一段描述，京师妇女喜爱用四季景致为首饰衣裳纹样，从丝绸绢锦到首饰、鞋袜，"皆备四时"。京城人把这种从头到脚展示一年四季景物的穿戴，称为"一年景"。诸如，应季的节物有：立春日树梢和簪上吊挂的丝绢剪成的"春幡"纹样、元宵节之"灯毬"纹样、端午"竞渡"纹样、避邪之"艾虎"纹样、"云月"秋景纹样；四时的花儿，则有春桃、夏荷、秋菊、冬梅等更多的四季花朵图案，"皆并为一景，谓之一年景"。

本系列设计（图1~图4）以"一年景"文化习俗与民族纹样艺术为灵感切入，延续古人在衣着生活中注重吉祥寓意的传统，提炼宋代服饰审美与形制特征，在圆领宽袖大襟夹衫、细褶裙、交领夹衫、大袖衫及褙子等代表性服饰中凝练交领与圆领、大袂宽袖、琵琶袖的造型关键，保留挽袖、护领、开衩与叠穿等元素，综合现代时尚流行与市场趋势，旨在创作出继承汉服传统美学基因且适合现代人在日常多种场合穿用的，兼具民族美、历史美、时尚性、实用性的设计实践。本系列取用视觉碰撞冲击感更强的黑金配色，以黑色为主色调，精选十余种具有独特质感与肌理的面料搭配丰富服饰的体积感和层次效果，在纹饰上主要采用盘金绣与印金描金工艺及传承图腾风格的图形，增显细节。同时，以综合材料作为装饰，以铜片手工捶塑出竹节造型并以圆环链接，实现如步摇般的动态感；以铜质广锁替代扣饰以表趣味；以织带纽结绣强调体量等，是一次多方面的创作尝试。

图1　主题灵感

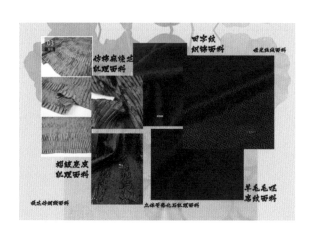

图2　面料说明

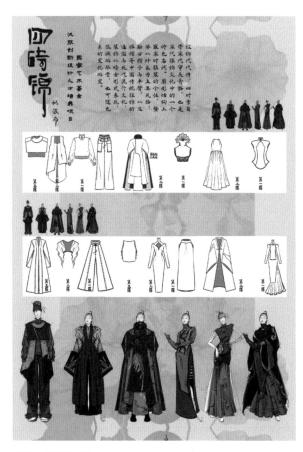

图3　效果款式

图 4 　《四时锦·似识今》系列设计

《春风又绿江南岸》系列设计

丁佳丽

杭州听芦文化创意有限公司设计师

自本科起一直学习服装与服饰设计等相关知识，在服装与配饰的设计上拥有独特的想法和创意，同时对汉服也非常喜爱。

- 2021年作品《瀛潆一水》获米兰设计周全国高校师生设计山西省三等奖
- 2021年作品《荷以为裳》获首届中国长沙湘派旗袍设计大赛入围奖
- 2021年作品《瑞兽祥禽》获中国温州市长杯时尚组银奖

本系列（图1～图5）服装设计是新中式的汉服创新系列服装设计，整体的服装风格与款式结构借鉴宋代的服装风格，灵感来源于吴冠中的水墨画。由于吴冠中的画，大多描绘的为"江南多春荫，色素淡，平林漠漠，小桥流水人家"的场景。这也是吴冠中的画留给我的印象，画面充满诗意，用简单的点、线、面、色彩构建出中国文化的诗意。画面的线条及整体的风格都给人一种流畅、明快、飘逸的感觉。同时也让我想到了宋代，宋代人的美学即使是流传至1000年后的今日也依旧为人们称赞、喜爱。宋人的审美和艺术风格都极为简约、清丽，与当代人追求的简约极致不谋而合。婉约、纤细、柔美、素雅成为宋代审美的标签与代名词。

因此在此系列的服装设计中，将这两种不同时代，但在艺术的表现中有相似之处的艺术形式展现在服装设计的造型和整体的服装风格中。

颜色以宋代人追崇的天青色为主色，也是吴冠中先生画中常常描绘江南春季的场景色。以白色、灰色为辅色，整体的色彩营造清丽、干净、舒畅。

服装结构上整体采用了宋代的服装风格，交领上衣，与褶裥裙，在局部上做了创新的设计。整体上的纹样和局部造型借鉴了吴冠中画中的一些造型元素，并做了设计的转化和处理。

　　面料选用有垂感的与天青色的清爽相称的棉麻面料为主料，辅助以飘逸的人造棉绸，使服装从色彩和外形上都展现出清爽、柔美的服装风格。

图 1　主题灵感

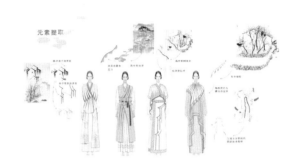

图 2　元素提取

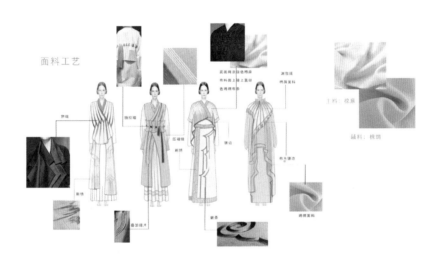

图 3　面料工艺

图 4　效果展示

图 5 《春风又绿江南岸》系列设计

《宋韵》系列设计

王紫薇

渡·霓为衣原创设计工作室设计师

作为资深汉服爱好者，并于2019年与朋友创立原创设计工作室，爱好传统文化，从事汉服设计近8年，在汉服复原及创新设计方面积累了宝贵的经验。

- 2017年作品《淹没》获第3届"濮院杯"PH Value中国针织设计师大赛入围奖
- 2018年作品《饕餮·盛宴》获首届"GET WOW"互联网时尚设计大赛入围奖
- 2018年获"吉林省设计新星"称号
- 2019年作品《Hockney》获首届"中和杯"纹样创意与时尚造型设计大赛最佳概念创意奖
- 2021年作品《团团》获首届修武·汉服博览会设计大赛传承奖

宋代服装，包括北宋南宋流行的服饰，是服饰史发展的一颗明珠，其特点是修身适体。宋时无论权贵的皇亲国戚，还是一般的百姓，都流行穿袄、衫、裙、裤等的一种服饰，可以在福州南宋黄昇墓、湖南衡阳何家皂北宋墓、江苏金坛茅麓南宋周瑀墓、浙江黄岩赵伯澐墓等的出土实物中窥见一斑。

宋代服色制度非常严格，平民只能穿黑白两色。宋装继承唐装，女服仍以衫、襦、袄、褙子、裙、袍、褂、深衣为主。其中襦、袄多为交领式，而衫中极具宋代特色的褙子则为直领对襟，两种领形都可在领襟处缝制护领服式采用衣袖相连的裁剪方式。有的限于面料的幅宽，因而在衣片的背部或袖子部分采用接缝和贴边装饰。单夹衣有前身短后身长的式样，也有无袖的大背心式样。出土的衣服都在领边、袖边、大襟边、腰部和下摆部位分别镶边或绣有装饰图案，采用印金、刺绣和彩绘工艺，饰以牡丹、山茶、梅花和百合等花卉。印金填彩工艺，是宋代非常流行的一种服装工艺，可以分为印金和填彩两道工序。印金：胶画纹样，金箔敷之。填彩：岩彩填色，螺钿装饰。两道工艺相辅相成，可以碰撞出别样的工艺奢华之美。

设计师本人认为，在做汉服创新设计中，如果完全舍弃汉服传统板型去创作，是一件非常可惜的事情。因此，设计师一直秉承着在保留汉服传统板型的同时，进行汉服时尚化和日常化设计，希望汉服可以走进日常生活，这也十分有利于汉服的发展，而不是沦为艺术照服装。

本次作品（图1～图5）灵感便来源于南宋黄昇墓出土的印金填彩夹衣，通过汉服爱好者蝈蝈的复原，可以窥见这件服装的极致之美，这件衣服领子装饰两道印金填彩花边，加上黑色的面料，给人一种低调奢华的感受。这也是本次汉服创新设计的灵感来源，设计师也将用到黑色面料以及印金填彩工艺。同时不忘初心，用汉服的板型，做时尚的创新。

图1　主题灵感

图2　图案设计

图3　服装款式

图4　效果展示

图 5 《宋韵》系列设计

附 录

"汉服创新设计人才培养"项目回顾（图1~图40）。

图1 "汉服创新设计人才培养"项目开班现场

图2 "汉服创新设计人才培养"项目开班与会人员合影

图3 崔荣荣老师授课现场

图4 周锦老师授课现场

图5 李超德老师授课现场

图6 李宏复老师授课现场

图 7 贾京生老师授课合影

图 8 吴波老师授课合影

图 9 贾玺增老师授课合影

图 10 吴欣老师授课交流讨论

图 11 章洁老师授课实践指导

图 12 胡霄睿老师授课实践指导

图 13 李牧老师授课合影

图 14 张成义老师授课现场

图 15　谢大勇老师授课现场

图 16　董进老师授课交流讨论

图 17　蒋玉秋老师授课合影

图 18　华梅老师授课合影

图 19　梁惠娥老师授课现场

图 20　姚惠琴老师授课现场

图 21　周方老师授课交流现场

图 22　邢乐老师授课交流现场

图 23　张毅老师授课合影

图 24　陈芳老师授课合影

图 25　潘健华老师授课合影

图 26　温少华老师授课合影

图 27　潘春宇老师授课现场

图 28　宋炀老师授课合影

图 29　牛犁老师授课现场

图 30　研讨交流现场

图 31　创作实践现场

图 32　作品分享现场

图 33　杭州汉服品牌"俏汉唐"考察合影

图 34　杭州汉服品牌"十三余"考察合影

图 35　中国丝绸博物馆研习采风合影

图 36　江南大学民间服饰传习馆研习采风现场

图 37　"汉服创新设计人才培养"项目结项专家论证会

图 38　"汉服创新设计人才培养"项目线上成果展

图 39　"汉服创新设计人才培养"项目线下成果展一

图 40　"汉服创新设计人才培养"项目线下成果展二

公众号官方平台

网络展览二维码